"互联网＋教育"新形态一体化系列教材

Android 应用开发案例与实战

主 编 马鸿雁 迟永芳 吴艳红

副主编 杨 昆 刘文林 王海军 陈 孚

U0157019

合肥工业大学出版社
HEFEI UNIVERSITY OF TECHNOLOGY PRESS

图书在版编目（CIP）数据

Android 应用开发案例与实战 / 马鸿雁, 迟永芳, 吴艳红主编.—合肥：合肥工业大学出版社, 2023.5

ISBN 978-7-5650-6268-1

Ⅰ.①A… Ⅱ.①马… ②迟… ③吴… Ⅲ.①移动终端－应用程序－程序设计 Ⅳ.①TN929.53

中国国家版本馆 CIP 数据核字（2023）第 028731 号

Android 应用开发案例与实战
ANDROID YINGYONG KAIFA ANLI YU SHIZHAN

马鸿雁　迟永芳　吴艳红　主编

责任编辑	孙南洋
出版发行	合肥工业大学出版社
地　　址	（230009）合肥市屯溪路 193 号
网　　址	www.hfutpress.com.cn
电　　话	人文社科出版中心：0551-62903200
	营销与储运管理中心：0551-62903198
规　　格	787 毫米 × 1092 毫米　1/16
印　　张	18
字　　数	460 千字
版　　次	2023 年 5 月第 1 版
印　　次	2023 年 5 月第 1 次印刷
印　　刷	廊坊市广阳区九洲印刷厂
书　　号	ISBN 978-7-5650-6268-1
定　　价	58.00 元

如果有影响阅读的印装质量问题，请与出版社营销与储运管理中心联系调换

前言

    随着手机设备的飞速发展和日益普及，手机的操作系统也备受人们的关注。在众多的操作系统中，Android以漂亮的UI、广泛的连接性、良好的存储、多点触控、多任务运行、多媒体支持等特点脱颖而出，成为最受欢迎的系统之一。

    本书以Android为基础，紧紧围绕最新的Android技术精髓展开深入讲解，以清晰的思路、精炼的实例和任务使读者快速入门，并逐步掌握Android编程的知识。本书注重基础理论与实用开发相结合，突出应用编程思想与开发方法的介绍，所选实例和任务都具有较强的概括性和实际应用价值。

    本书是作者根据从事多年的Android开发工作和讲授计算机专业相关课程的教学实践，在已编多部讲义和教材的基础上编写而成的；内容充实，循序渐进，选材上注重系统性、先进性和实用性；编写时注重实践性，精选的所有例题已在Android Studio上调试通过，可直接引用，读者也可按照书中提示步骤自己动手完成。本书分为12章。

    第1章为Android开发概述，主要介绍了Android的开发环境搭建、如何在搭建的环境中创建Android项目以及如何调试程序等内容。

    第2章为开发工具介绍，主要介绍了如何使用DDMS和Android调试桥等内容。

    第3章为Android UI编程，主要介绍了常见的Widget组件以及列表、菜单和布局等内容。

    第4章为Android活动简介，主要介绍了Activity的创建与注册、生命周期以及如何使用Intent等内容。

    第5章为Android多媒体，主要介绍了音频处理、使用系统相机和视频处理等内容。

    第6章为Android传感器，主要介绍了如何使用传感器、传感器坐标系统和常见的8个传感器等内容。

    第7章为Android服务简介，主要介绍了Service的创建和注册、启动和停止以及生命周期等内容。

    第8章为Android广播简介，主要介绍了如何发送和接收广播等内容。

    第9章为Android的数据持久化，主要介绍了使用SharedPreferences、使用文件存储、使用

SQLite 数据库、使用 ContentProvider 共享数据等内容。

第 10 章为 Android 网络编程,主要介绍了使用 HttpURLConnection 和使用 WebView 等内容。

第 11 章为 Android 管理器与地图服务,主要介绍了 2 个管理器和地图服务等内容。

第 12 章为足迹生成器,主要介绍了如何创建一个足迹生成器的大项目。

由于编者水平有限,加之编写时间仓促,书中难免存在错误和疏漏之处,希望广大读者批评指正。

编 者

2023 年 2 月

目录

第 1 章

Android 开发概述

Android 由美国 Google 公司和开放手机联盟联合开发，是一种基于 Linux 内核（不包含 GNU 组件）的自由及开放源代码的操作系统。它主要用于移动设备，如智能手机和平板电脑。本章为 Android 开发概述。

知识入门

1. Android版本体系

Android是一种基于Linux内核和其他开源软件的修改版本的移动/桌面操作系统，主要为智能手机和平板电脑等触摸屏移动设备设计，于2007年11月亮相。第一款商用Android设备HTC Dream于2008年9月推出。目前最新版是2022年5月12日发布的Android 13。表1-1中列出了Android的各种版本。

表1-1　Android各个版本

版本号	代号	发布时间
Android 1.1		2008 年 9 月
Android 1.5	Cupcake	2009 年 4 月
Android 1.6	Donut	2009 年 9 月
Android 2.0	Éclair	2009 年 10 月 26 日
Android 2.1		2009 年 10 月 26 日
Android 2.2	Froyo	2010 年 5 月 20 日
Android 2.3	Gingerbread	2010 年 12 月 7 日
Android 3.0	Honeycomb	2011 年 2 月 3 日
Android 3.2		2011 年 7 月 13 日
Android 4.0	IceCreamSandwich	2011 年 10 月 19 日
Android 4.1	Jelly Bean	2012 年 6 月 28 日
Android 4.2		2012 年 10 月 30 日
Android 4.3		2013 年 7 月 25 日
Android 4.4	KitKat	2013 年 11 月 1 日
Android 5.0	Lollipop	2014 年 11 月 13 日
Android 6.0	Marshmallow	2015 年 9 月 30 日
Android 7.0	Nougat	2016 年 8 月 22 日
Android 7.1		2016 年 12 月 5 日
Android 8.0	Oreo	2017 年 8 月 22 日
Android 9.0	Pie	2018 年 8 月 7 日
Android 10.0	AndroidQ（内部叫 Quince Tart）	2019 年 9 月 4 日

版本号	代号	发布时间
Android 11	内部叫 Red Velvet Cake	2020 年 9 月 9 日
Android 12	Snow Cone	2021 年 10 月 5 日
Android 13	Tiramisn	2022 年 5 月 12 日

2. Android 的特性

这里介绍 Android 几种最为重要的特性。

（1）漂亮的 UI：Android 操作系统的基本屏幕提供了漂亮又直观的用户界面。

（2）连接性：可以连接 GSM/EDGE、IDEN、CDMA、EV-DO、UMTS、Bluetooth、Wi-Fi、LTE、NFC 和 WiMAX。

（3）存储：用于数据存储的轻量级关系型数据库 SQLite。

（4）媒体支持：支持的媒体包括 H.263、H.264、MPEG-4 SP、AMR、AMR-WB、AAC、HE-AAC、AAC 5.1、MP3、MIDI、Ogg Vorbis、WAV、JPEG、PNG、GIF 和 BMP。

（5）消息：SMS 和 MMS。

（6）Web 浏览器：基于开源的 WebKit 布局引擎，再加上支持 HTML5 和 CSS3 Chrome 的 V8 JavaScript 引擎。

（7）多点触控：Android 原生支持多点触控，从最初的手持设备开始便有。

（8）多任务：用户可以从一个任务跳到另一个任务，并且可以同时运行各种应用。

（9）GCM：谷歌云消息（GCM）是一种服务，可以使开发人员向 Android 设备的用户发送短消息数据，而无须专有的同步解决方案。

3. API 级别

API 级别是一个用于唯一标识 API 框架版本的整数，由某个版本的 Android 平台提供，如 Android 5.1 的 API 级别为 22、Android 5.0 的 API 级别为 21 等。

4. Android Studio

Android Studio 是谷歌推出的一个 Android 集成开发工具，用于开发和调试，类似于 Eclipse ADT。在 JetBrains Intellij IDEA 的基础上，Android Studio 提供了以下构架。

（1）基于 Gradle 的构建支持。

（2）Android 专属的重构和快速修复。

（3）提示工具以捕获性能、可用性、版本兼容性等问题。

（4）支持 ProGuard 和应用签名。

（5）基于模板的向导来生成常用的 Android 应用设计和组件。

（6）功能强大的布局编辑器，可以让 UI 控件进行效果预览。

5. R.java 文件

R.java 文件自动生成，用来定义 Android 程序中所有不同类型的资源的索引。它是只读的，开发人员无法对其修改。

循序渐进

 搭建 Android 开发环境

本节将讲解对 Android 开发环境的搭建，其中包含下载安装 JDK 和下载安装 Android Studio 这两部分内容。

1.1.1 下载安装 JDK

JDK 是 JAVA 语言的软件开发工具包，主要用于移动设备、嵌入式设备上的 JAVA 应用程序。JDK 是整个 JAVA 开发的核心，它包含了 JAVA 的运行环境（JVM+JAVA 系统类库）和 JAVA 工具。本小节将介绍如何下载和安装 JDK。

1. 下载 JDK

以下是下载 JDK 的具体操作步骤。

（1）在浏览器中打开 JDK 的下载网页（https://www.oracle.com/java/technologies/javase-downloads.html），如图 1-1 所示。此页面会展示最新版本的 JDK。

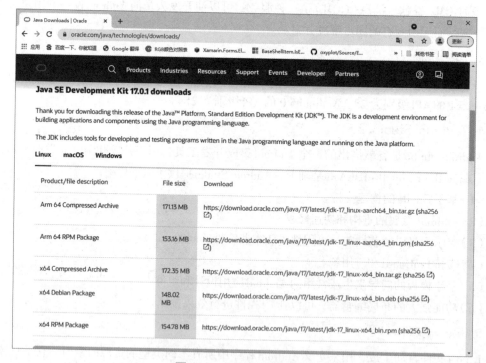

图 1-1　JDK 的下载网页

注意：在此网页中提供了 3 个平台的 JDK 版本，分别为 Linux、macOS 及 Windows 系统。开发者可以根据自己的系统进行选择下载。

（2）点击对应版本后面的下载链接就可以实现下载。本书下载的是 Windows 平台最新版本的 JDK。

2. 安装 JDK

下载 JDK 后，就可以进行安装了，以下是在 Windows 操作系统下安装 jdk-**.exe 的操作步骤。

（1）双击 jdk-**.exe 文件，弹出"Java(TM) SE Development Kit **(64-bit)-安装程序"对话框。

（2）点击"下一步"按钮，弹出"Java(TM) SE Development Kit **(64-bit)-目标文件夹"对话框。

（3）点击"下一步"按钮，弹出"Java(TM) SE Development Kit **(64-bit)-进度"对话框。

（4）一段时间后，会弹出"Java(TM) SE Development Kit **(64-bit)-完成"对话框。点击"关闭"按钮，此时 JDK 就安装完成了。

1.1.2 配置环境变量

环境变量相当于给系统或用户应用程序设置的一些参数，具体起什么作用与具体的环境变量相关。例如，path 变量告诉系统，当要求系统运行一个程序而没有告诉它程序所在的完整路径时，系统除了在当前目录下面寻找此程序外，还应到哪些目录下去寻找。当 JDK 正确安装后，就可以对环境变量进行配置了。具体的操作步骤如下。

（1）右击 Windows 10 左下角的"开始"按钮，在弹出的菜单中选择"系统"命令，弹出"设置"对话框。

（2）在对话框右侧，点击"高级系统设置"按钮，弹出"系统"对话框。

（3）点击"环境变量(N)…"按钮，弹出"环境变量"对话框。

（4）点击"系统变量"标签下的"新建"按钮，弹出"新建系统变量"对话框。

（5）将"变量名"设置为"JAVA_HOME"，"变量值"设置为"C:\Program Files\Java\jdk-***"（该路径是安装的 JDK 的文件位置），如图 1-2 所示。

新建系统变量		×
变量名(N):	JAVA_HOME	
变量值(V):	C:\Program Files\Java\jdk-17.0.1	
	确定	取消

图 1-2 "新建系统变量"对话框创建 JAVA_HOME 变量

（6）填写完毕后，点击"确定"按钮，完成 JAVA_HOME 变量创建，回到"环境变量"对话框。

（7）再次点击"新建"按钮，新建 CLASSPATH 变量，如图 1-3 所示。"变量名"为"CLASSPATH"，"变量值"为".;%JAVA_HOME%\lib\dt.jar;%JAVA_HOME%\lib\tools.jar;"。

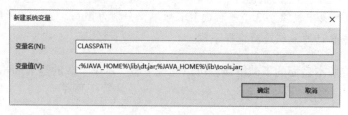

图 1-3 "新建系统变量"对话框创建CLASSPATH变量

（8）在"环境变量"对话框中，选中Path变量后。点击"编辑"按钮，弹出"编辑环境变量"对话框。

（9）点击"新建"按钮，在其中输入JDK的路径，如"C:\Program Files\Java\jdk-***\bin"。输入完毕后，点击"确定"按钮，回到"环境变量"对话框。此时环境变量就配置好了。

在完成了JDK的安装和环境变量的配置以后，需要进行验证。

（1）右击Windows标志按钮，在弹出的菜单中，点击"运行"命令，弹出"运行"对话框。

（2）在文本框中填入cmd，点击"确定"按钮，弹出"命令提示符"窗口。

（3）在该窗口中，执行命令"java -version"，得到如图 1-4 所示的结果，这表示正确安装了JDK。其他的环境变量配置还需要在应用时进行确认。

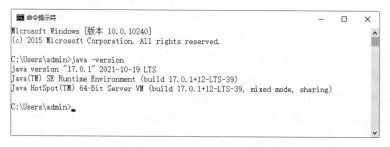

图 1-4 "命令提示符"窗口

1.1.3 下载安装Android Studio

本小节将讲解如何下载和安装Android Studio。

1. 下载Android Studio

下载Android Studio工具的具体操作步骤如下。

（1）在浏览器中输入"https://developer.android.google.cn/studio/"网址，打开Android Studio的官方网站。

（2）点击"Download Android Studio"按钮，弹出"Download Android Studio"对话框。

（3）选择"I have read and agree with the above terms and conditions"按钮，"Download Android Studio for Windows"按钮被激活。点击该按钮，Android Studio就会被下载。

2. 安装Android Studio

下载Android Studio安装包后，就可以对其进行安装了。具体的操作步骤如下。

（1）双击Android Studio安装包，弹出"Welcome to Android Studio Setup"对话框。

（2）点击"Next"按钮，弹出"Choose Components"对话框。开发者可以根据自己的需求选择要安装的组件，一般这些组件需要全部选择。

> 注意：最新版的 Android Studio 在这一步并没有 SDK，需要稍后再进行安装。

（3）点击"Next"按钮，弹出"Configuration Settings"对话框。在此对话框中需要设置 Android Studio 的安装位置，默认为"C:\Program Files\Android\Android Studio"。

（4）点击"Next"按钮，弹出"Choose Start Menu Folder"对话框。

> 注意：如果开发者想要创建快捷方式，可以选中"Do not create shortcuts"复选框。

（5）点击"Install"按钮，弹出"Installing"对话框，实现对 Android Studio 的安装。

（6）安装完成后，弹出"Installation Complete"对话框。

（7）点击"Next"按钮，弹出"Completing Android Studio Setup"对话框，如图 1-5 所示。此时 Android Studio 就安装完成了。

图 1-5 "Completing Android Studio Setup"对话框

1.2 创建第一个项目

本节将讲解如何启动 Android Studio、创建项目，在读者对项目有一个大致了解后，继续讲解如何在模拟器上运行程序、在真机上运行程序等。

1.2.1 首次启动 Android Studio

安装 Android Studio 后就可以使用该工具了。如果是首次使用该工具则需要对其进行一些设置，之后就不用再进行设置了。以下是首次启动 Android Studio 的具体操作步骤。

（1）双击"Android Studio"或是在"Completing Android Studio Setup"对话框中选中"Start Android Studio"后，点击"Finish"按钮，会弹出"Import Android Studio Settings"对话框，如图 1-6 所示。

（2）选中"Do not import settings"，点击"OK"按钮，弹出 Android Studio 的 Logo，如图 1-7 所示。

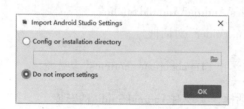

图 1-6　"Import Android Studio Settings"对话框

图 1-7　Logo

（3）一段时间后，会弹出"Data Sharing"对话框。

（4）点击"Don't send"按钮，弹出"Android Studio First Run"对话框。

注意：出现此对话框的原因是缺少 Android SDK。

（5）点击"Cancel"按钮，弹出"Finding Available SDK Components"对话框，如图 1-8 所示。

图 1-8　"Finding Available SDK Components"对话框

（6）一段时间后，弹出"Welcome"对话框。

（7）点击"Next"按钮，弹出"Install Type"对话框，如图 1-9 所示。

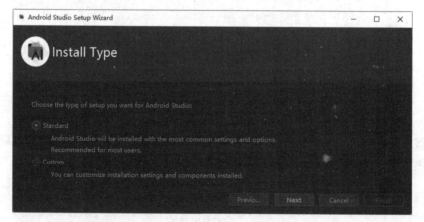

图 1-9　"Install Type"对话框

（8）选中"Standard"复选框，点击"Next"按钮，弹出"Select UI Theme"对话框，如图 1-10 所示。

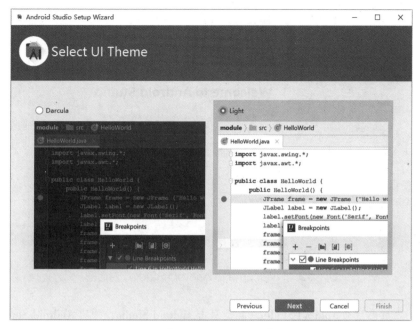

图 1-10 "Select UI Theme" 对话框

（9）开发者可以根据个人喜好选中主题类型。选择完毕后，点击 "Next" 按钮，弹出 "Verify Settings" 对话框。在此对话框中会显示相关的配置信息。

（10）点击 "Finish" 按钮，弹出 "Downloading Components" 对话框，如图 1-11 所示。此时需要联网下载相关组件。

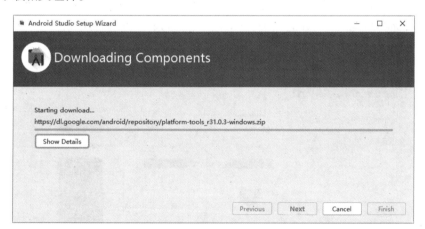

图 1-11 "Downloading Components" 对话框

（11）安装完毕后，"Downloading Components" 对话框中的 "Finish" 按钮就会被激活。

（12）点击 "Finish" 按钮，弹出 "Welcome to Android Studio" 对话框，如图 1-12 所示。

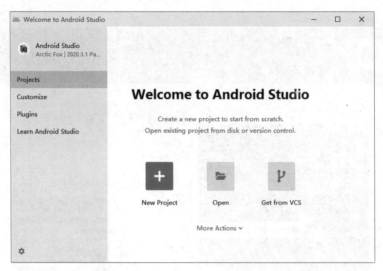

图 1-12 "Welcome to Android Studio" 对话框

注意：之后再启动 Android Studio，就是双击 Android Studio，弹出 Android Studio 的 Logo 一段时间后就会进入 "Welcome to Android Studio" 对话框。

1.2.2 创建项目

创建 Android 项目的具体操作步骤如下。

（1）在 "Welcome to Android Studio" 对话框中，点击 "New Project" 按钮，弹出 "New Project" 对话框的 "Phone and Tablet" 面板，如图 1-13 所示，在此面板中可以选择合适的模板。

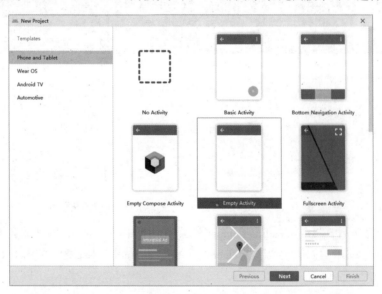

图 1-13 "New Project" 对话框的 "Phone and Tablet" 面板

（2）选择 "Empty Activity" 模板，点击 "Next" 按钮，弹出 "New Project" 对话框的 "Empty Activity" 面板，如图 1-14 所示，在此面板中对 Empty Activity 进行设置。

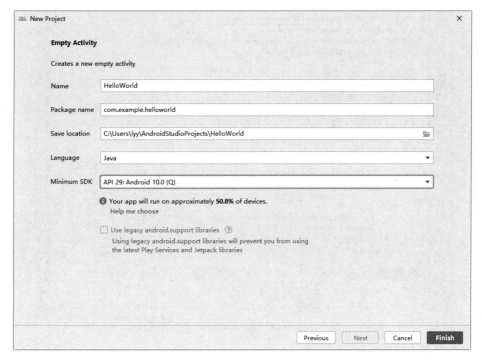

图 1-14 "New Project" 对话框的 "Empty Activity" 面板

（3）修改项目名称（默认为 "My Application"），将 "Language" 设置为 "Java"，点击 "Finish" 按钮，此时会打开创建的项目，如图 1-15 所示。开发者可以在此项目中编写程序及进行布局。

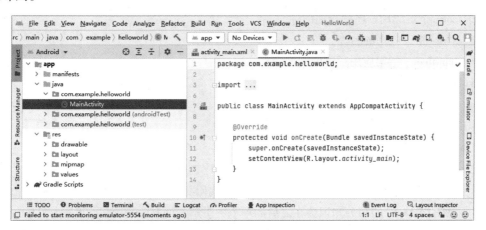

图 1-15 项目界面

1.2.3 了解项目

在创建的项目中，App下方会有3个文件夹，下面依次介绍这3个文件夹中的内容。

1. manifests文件夹

此文件夹中包含一个AndroidManifest.xml文件，此文件中是App的配置信息。双击此文件可以看到其中的内容，如图1-16所示。

```xml
<?xml version="1.0" encoding="utf-8"?>
<manifest xmlns:android="http://schemas.android.com/apk/res/android"
    package="com.example.helloworld">

    <application
        android:allowBackup="true"
        android:icon="@mipmap/ic_launcher"
        android:label="HelloWorld"
        android:roundIcon="@mipmap/ic_launcher_round"
        android:supportsRtl="true"
        android:theme="@style/Theme.HelloWorld">
        <activity
            android:name=".MainActivity"
            android:exported="true">
            <intent-filter>
                <action android:name="android.intent.action.MAIN" />

                <category android:name="android.intent.category.LAUNCHER" />
            </intent-filter>
        </activity>
    </application>

</manifest>
```

图 1-16　AndroidManifest.xml 文件

让我们从第 2 行开始介绍该文件。

第 2 行：manifest 节点，其属性包括 package，指注册了 com.wes.helloworld 这个完整包名字。

第 5 行：application 节点，其属性包括以下 6 个。

（1）allowBackup：是否允许用户通过 adb backup 和 adb restore 来进行对应数据的备份和恢复。

（2）icon：指定应用程序的普通图标。

（3）label：指定应用的名称。

（4）roundIcon：指定应用程序的圆形图标。

（5）supportsRtl：是否支持 right-to-left 布局。

（6）theme：android 应用的风格。

第 12 行：activity 节点，其属性包括以下 2 个。

（1）name：指定活动的名称。

（2）exported：表示该组件是否可以被其他应用程序访问或和其交互。

第 15 行到第 19 行：Intent 过滤器。要理解本行代码我们首先要了解每个组件都是由 Intent 启动的，意图（Intent）的相关知识会在之后的章节中讲解。而 Intent 过滤器就是为了 Intent 准备的，现在读者只须要知道该过滤器指定了该 Activity 是本应用程序的主入口。

2. java 文件夹

此文件夹中主要放置了源代码和测试代码。其中，源代码可以说是项目中最主要的部分，双击 MainActivity 文件，我们就可以看到其中的代码了，如图 1-17 所示。

图 1-17　MainActivity 文件

从图中我们知道该文件中的代码总共 14 行，去掉其中的空行、导入声明和花括号，真正的代码只有 4 行。下面将对这 4 行代码进行简单的介绍。

第 1 行：声明该类属于 com.example.helloworld 包。

第 3 行和第 5 行：声明导入的类，分别导入了 androidx.appcompat.app.AppCompatActivity 类和 android.os.Bundle 类。其中 AppCompatActivity 类可以被称为一个活动，从某种意义上说，Android 所有应用都是活动。Bundle 类是捆绑的意思，用来保存一些重要的数据。

第 7 行创建声明 public class 并声明其继承自 AppCompatActivity。

第 10 行创建 onCreate() 方法，它是 AppCompatActivity 开始的入口。

第 11 行创建调用父类的 onCreate() 方法，以创建 AppCompatActivity。

第 12 行创建设置界面，方法是将页面与资源文件绑定。setContentView() 方法的参数 R.layout.activity_main 就是 R 文件中布局文件 activity_main.xml 的引用了。

3. res 文件夹

此文件夹中存放的是所有的项目资源。下面是对其中 2 个子文件夹的介绍。

（1）drawable 文件夹：存放了一些 xml 文件，-*dpi 表示存储分辨率的图片，用于适配不同的屏幕。

（2）layout 文件夹：该文件夹中存放的是布局文件 activity_main.xml，双击可以打开该文件，如图 1-18 所示。

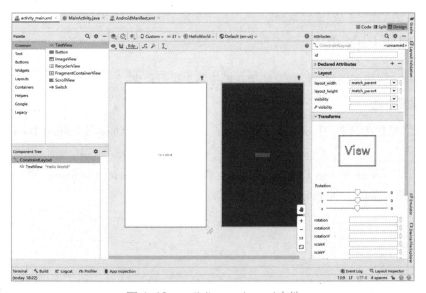

图 1-18　activity_main.xml 文件

从图 1-18 中我们看到的是一个可视化的设计界面，可以通过拖动的方式添加控件，点击某一控件后，在右边的"Attributes"面板中会出现对应的属性，开发者可以在此面板中对点击的组件的属性进行设置。如果不习惯使用这种方式进行布局，还可以使用代码实现，点击"Code"按钮，就会进入代码界面，如图 1-19 所示。

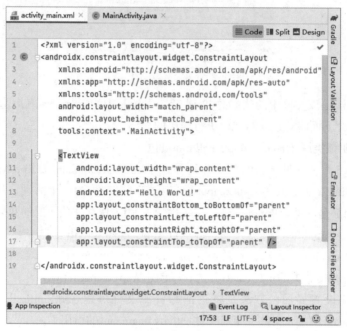

图 1-19　代码界面

在图中可以看到 activity_main.xml 文件总共有 18 行代码，接着我们就简单认识一下布局文件的代码。

第 1 行：xml 文件头，每个 xml 文件必需的声明，其中包括版本和编码方式。

第 2 行至第 8 行：约束布局的开始节点，其中包括了若干属性，如宽度、高度等。

第 10 行至第 17 行：完整的文本视图节点，其中包括的属性有宽度、高度和显示内容。

第 19 行：约束布局的结束节点。

1.2.4 模拟器上运行程序

本小节将讲解如何创建模拟器及如何在模拟器上运行程序。

1. 创建模拟器

（1）在菜单栏中选择"Tools|AVD Manager"命令，弹出"Android Virtual Device Manager"界面。

（2）点击"+Create Virtual Device…"按钮，弹出"Virtual Device Configure"对话框的"Select Hardware"面板，如图 1-20 所示。

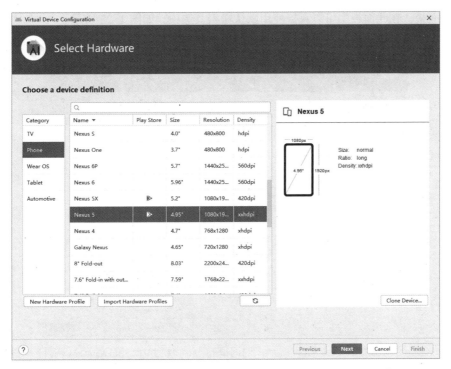

图 1-20 "Virtual Device Configure" 对话框的 "Select Hardware" 面板

（3）选择对应的设备，点击"Next"按钮，弹出"Virtual Device Configure"对话框的"System Image"面板，选择一个镜像，如图 1-21 所示。

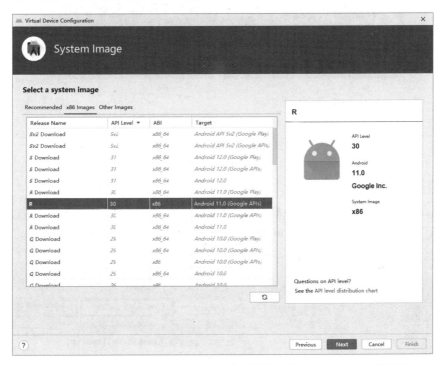

图 1-21 "Virtual Device Configure" 对话框的 "System Image" 面板

（4）点击"Next"按钮，弹出"Virtual Device Configure"对话框的"Android Virtual Device

（AVD）"面板，在此面板中可以直接使用默认输入及选项，如图 1-22 所示。

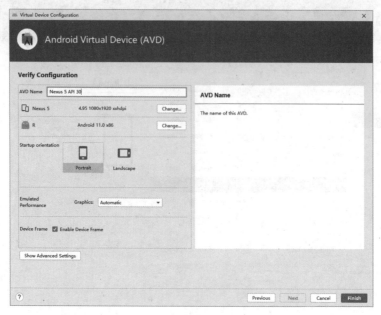

图 1-22 "Virtual Device Configure"对话框的"Android Virtual Device（AVD）"面板

（5）点击"Finish"按钮后，此时名为"Nexus 5 API 30"的模拟器就创建好了，如图 1-23 所示，它会显示在"Android Virtual Device Manager"界面的"Your Virtual Devices"面板中。

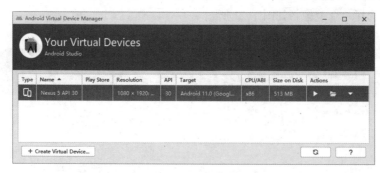

图 1-23 创建好的模拟器

2. 运行程序

创建好模拟器后，就可以在创建的模拟器上运行程序了。此时需要将程序运行设备设置为创建的模拟器，本书中为"Nexus 5 API 30"，如图 1-24 所示。然后点击运行按钮就可以了，运行效果如图 1-25 所示。

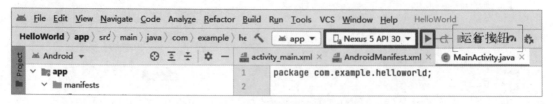

图 1-24 设置程序运行设备

图 1-25　运行效果

1.2.5 真机上运行程序

在真机上运行程序，首先需要启动开发者模式。这里以 Redmi Note 9 为例介绍它的开启步骤。

（1）在手机"设置"菜单中，点击"我的设备"选项，进入"我的设备"界面。

（2）向下滚动，点击"全部参数"选项，进入"全部参数"界面。

（3）找到 MIUI 版本号，并连续点击 MIUI 版本号多次，即可进入开发者模式。

（4）返回"设置"界面，点击"更多设置"选项，进入"更多设置"界面，找到"开发者选项"。

（5）点击"开发者选项"，在"开发者选项"界面中，开启"开启开发者选项"，如图 1-26 所示。

（6）在"开发者选项"界面中下滑开启"USB 调试"，如图 1-27 所示。此时就可以进行真机测试了。

在运行测试时，需要使用 USB 线将手机连接到电脑上，然后将程序运行设备设置为真机，最后点击运行按钮，运行程序，效果如图 1-28 所示。

图 1-26　开启"开发者选项"界面　　图 1-27　开启"USB"调试　　图 1-28　效果

调试程序

调试程序是在进行应用开发时必不可少的一个重要环节，本节将讲解一些简单的调试技巧以帮助开发者更高效更快速地开发程序。

1.3.1 增加断点

选中希望程序运行暂停的代码，单击代码的左侧就完成了断点的增加。以HelloWorld项目为例，如果希望程序在运行至setContentView()时暂停，那就在第12行代码左侧单击，这时会出现一个红色的小圆点，这个小圆点就是所谓的断点了，如图1-29所示。

图 1-29 断点

1.3.2 开始调试

添加断点后，就可以开始调试了。选择工具栏中的"Debug"选项（绿色的虫子图标）。此时会以Debug模式启动App。App启动后，运行至第一处断点处会停下来，同时IDE下方出现Debug视图，红色的箭头指向的是现在调试程序停留的代码行，如图1-30所示。

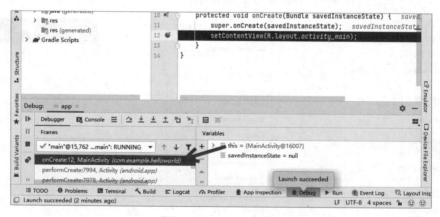

图 1-30 Debug视图

1.3.3 单步调试

在显示的 Debug 视图中，会看到一些箭头按钮，如图 1-31 所示。这些箭头按钮就是用于实现单步调试的。

图 1-31　单步调试按钮

箭头按钮的介绍如下。

（1）Step Over：单步跳过，点击该按钮将导致程序向下执行一行。如果当前行是一个方法调用，则此行调用的方法被执行完毕后再到下一行。

（2）Step Into：单步跳入，执行该操作将导致程序向下执行一行。如果该行有自定义的方法，则进入该方法内部继续执行。需要注意的是如果是类库中的方法，则不会进入方法内部。

（3）Force Step Into：强制单步跳入，和 Step Into 功能类似，主要区别在于如果当前行有任何方法，则不管该方法是由我们自行定义的还是由类库提供的，都能跳入方法内部继续执行。

（4）Step Out：如果有断点则走到下一个断点；如果没有断点，而是在一个调用的方法当中，则会跳出这个方法，继续走。

（5）Drop Frame：中断执行，并返回到方法执行的初始点，在这个过程中该方法对应的栈帧会从栈中移除。换言之，如果该方法是被调用的，则返回到当前方法被调用处，并且所有上下文变量的值也恢复到该方法未执行时的状态。

（6）Run to Cursor：设置多个断点时，可利用该按钮在两个断点之间跳转。

◈ 任务 1-1

创建一个显示"Hello，Android"的界面

创建一个显示
"Hello，Android"
的界面

任务描述

（1）在界面显示一个文本视图。

（2）文本视图中的内容为"Hello，Android"。

任务实施

1. 创建项目

创建 Android 项目，项目名为 HelloAndroid。

2. 修改 activity_main.xml 文件的代码

打开 activity_main.xml 文件，修改 TextView 中的 text 属性，将该属性设置为"Hello，Android"，代码如下：

```
<?xml version="1.0" encoding="utf-8"?>
```

```
<androidx.constraintlayout.widget.ConstraintLayout
xmlns:android="http://schemas.android.com/apk/res/android"
    xmlns:app="http://schemas.android.com/apk/res-auto"
    xmlns:tools="http://schemas.android.com/tools"
    android:layout_width="match_parent"
    android:layout_height="match_parent"
    tools:context=".MainActivity">
    <TextView
        android:layout_width="wrap_content"
        android:layout_height="wrap_content"
        android:text="Hello, Android"
        app:layout_constraintBottom_toBottomOf="parent"
        app:layout_constraintLeft_toLeftOf="parent"
        app:layout_constraintRight_toRightOf="parent"
        app:layout_constraintTop_toTopOf="parent"/>
</androidx.constraintlayout.widget.ConstraintLayout>
```

运行程序，效果如图 1-32 所示。

图 1-32　效果

知识拓展

1. Android 体系结构

Android 系统自上而下由 4 层组成，分别为应用层、应用框架层、各种库和运行时环境层及操作系统层，如图 1-33 所示。下面依次介绍这 4 层。

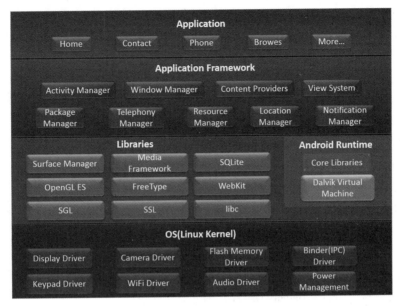

图 1-33　Android 系统结构图

（1）应用层。在应用层中，开发者可以使用JAVA语言调用自带的各种应用程序，包括联系人、电话、浏览器、电子邮件客户端等各种功能。

（2）应用框架层。该层为系统提供了各种各样的API，它包括以下 10 种。

①Activity Manager：活动管理器，一个应用程序由至少一个活动（Activity）构成，活动管理器负责管理Activity的生命周期，并为程序提供退出机制。

②Window Manager：窗口管理器，管理所有的窗口程序。

③Content Providers：内容提供者，负责共享程序的数据，该机制解决了各个应用程序的数据私有和共享的问题（在第 9 章会有详细讲解）。

④View System：视图系统，可以用来构建应用程序，它包括各种可重用的组件：列表、网格、文本框、按钮等。

⑤Notification Manager：消息管理器，它可以帮助开发者在状态栏中显示自定义的提示信息。

⑥Package Manager：包管理器，它可以帮助开发人员管理所有的包。

⑦Telephony Manager：电话管理器，管理Android手机中所有的电话接入和拨出等操作。

⑧Resource Manager：资源管理器，提供非代码资源的访问，如本地字符串、图形和布局文件。

⑨Location Manager：位置管理器，使用它可以开发LBS（Location Based Service）程序。

⑩XMPP Service：可扩展通讯和表示协议服务（The Extensible Messaging and Presence Protocol），XMPP是一种基于XML的协议，具有超强的可扩展性。经过扩展以后的XMPP可以通过发送扩展的信息来处理用户的需求。

（3）各种库和运行时环境层。Android应用框架需要系统底层的一些C/C++库的支持。这些库包括以下 8 种。

①Bionic 系统C库：C语言标准库，系统最底层的库，C库通过Linux系统来调用。

②多媒体库：Android 系统多媒体库，基于 PackerVideo OpenCORE，支持各类音频格式的录制和播放，包括 MPEG4、MP3、AAC、AMR 等；支持各类视频的录制和播放，包括 3GP、MP4 等；支持各类图片格式的处理，包括 JPG、PNG 等。

③SGL：2D 图形引擎库。

④SSL：位于 TCP/IP 与各种应用层协议之间，为数据通信提供支持。

⑤OpenGL ES 1.0：支持 3D 效果。

⑥SQLite：关系数据库，提供数据存储服务。

⑦Webkit：Web 浏览器引擎。

⑧FreeType：提供位图和矢量的支持。

（4）操作系统层。这一层包含操作系统所具有的功能，这些功能的介绍如下。

①显示驱动（Display Driver）：基于 Linux 的帧缓冲（Frame Buffer）驱动。

②键盘驱动（KeyBoard Driver）：作为输入设备的键盘驱动。

③USB 驱动（USB Driver）：为设备提供 USB 驱动。

④Flash 内存驱动（Flase Memory Driver）：闪存驱动程序。

⑤照相机驱动（Camera Driver）：常用的基于 Linux 的 v412（Video for Linux）的驱动。

⑥音频驱动（Audio Driver）：常用的基于 ALSA 的高级 Linux 声音体系驱动。

⑦蓝牙驱动（Bluetooth Driver）：基于 IEEE 802.15.1 标准的无线传输技术。

⑧WiFi 驱动：基于 IEEE 802.11 标准的驱动程序。

⑨Binder IPC 驱动：Android 的一个特殊的驱动程序，提供进程间通信的功能。

⑩Power Management（电源管理）：管理电池电量。

2. Dalvik 虚拟机

在 Android 操作系统中，每个 Java 程序都运行在一个独立的 Dalvik 虚拟机上。Dalvik 被设计为一个设备，可同时高效地运行多个虚拟系统。每一个 Android 应用都运行在一个 Dalvik 虚拟机实例中，每一个虚拟机实例都是一个独立的进程空间，它只能执行 .dex 的可执行文件。也就是说，当 Java 程序通过编译后生成的 .class 文件，还需要通过 SDK 中的 dx 工具转为 .dex 格式才能正常在虚拟机上执行。

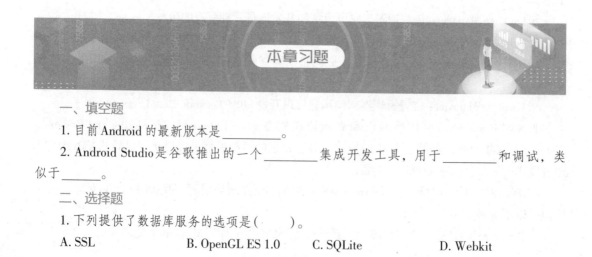

本章习题

一、填空题

1. 目前 Android 的最新版本是＿＿＿＿＿＿。

2. Android Studio 是谷歌推出的一个＿＿＿＿＿集成开发工具，用于＿＿＿＿＿和调试，类似于＿＿＿＿。

二、选择题

1. 下列提供了数据库服务的选项是（　　　）。

A. SSL　　　　　　　　B. OpenGL ES 1.0　　　　C. SQLite　　　　　　　D. Webkit

2. 下列是 Android 布局文件的选项是（　　　　）。

A. MainActivity 文件　　　　　　　　B. AndroidManifest.xml 文件

C. activity_main.xml　　　　　　　　D. 其他

三、判断题

1. API 级别是一个用于唯一标识 API 框架版本的字符串。　　　　　　（　　　）

2. AndroidManifest.xml 文件中是 App 的配置信息。　　　　　　　　（　　　）

四、操作题

显示一个 "Hello，TextView" 的界面。

第 2 章

开发工具介绍

本章将讲解 2 个常用的 Android 开发工具，分别为 Android 调试桥（Android Debug Bridge，简称 ADB）和 Dalvik 虚拟机调试监控服务（Dalvik Debug Monitor Service，DDMS）。这 2 个工具不仅可以用于项目调试，还可以帮助我们理解 Android 程序运行机制。

1. DDMS

DDMS 全称是 Dalvik Debug Monitor Service，是 Android 开发环境中的 Dalvik 虚拟机调试监控服务。它提供了多种调试功能，如测试设备截屏，针对特定的进程查看正在运行的线程及堆信息、Logcat、广播状态信息，模拟电话呼叫、接收 SMS、虚拟地理坐标等。它包括的工具有任务管理器（TaskManager）、文件浏览器（File Explorer）、模拟器控制台（Emulator console）及日志控制台（Logging console）。DDMS 使用界面如图 2-1 所示。

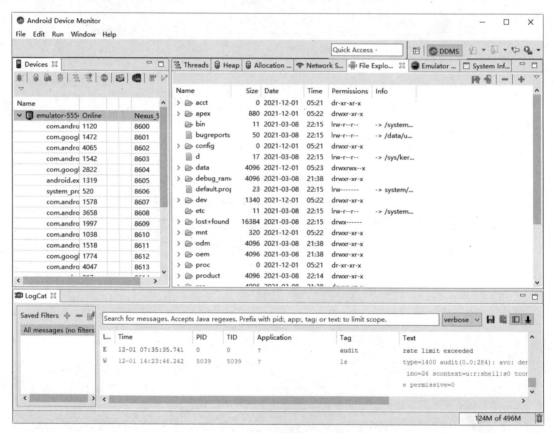

图 2-1　DDMS 使用界面

打开 DDMS 的步骤如下。

（1）首先查看 AS 的 SDK 路径。选择菜单栏中的"File|Settings"，在弹出的"Settings"对话框中选择"Android SDK"，在打开的"Android SDK"面板中会看到"Android SDK Location"，此文本框中显示的就是 Android SDK 的路径，如图 2-2 所示。

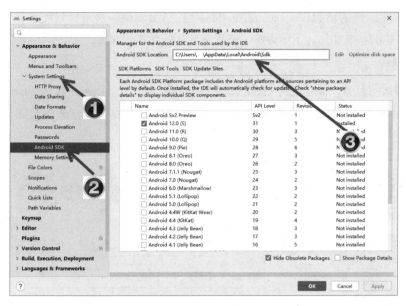

图 2-2 "Android SDK" 面板

（2）进入 Android SDK 目录下的 tools 文件夹中，找到 monitor.bat 批量处理文件。

（3）鼠标左键双击 monitor.bat 批量处理文件，会出现类似 cmd 的输入面板，然后会迅速自动关闭。再等几秒钟会出现 DDMS 使用界面。

2. ADB

Android 调试桥（Android Debug Bridge，ADB）是 Android SDK 的一个重要组成部分。它是一种功能多样的命令行工具，可让开发者与设备进行通信。adb 命令可用于执行各种设备操作（例如安装和调试应用），并提供对 Unix shell（可用来在设备上运行各种命令）的访问权限。

2.1 使用 DDMS

本节将讲解如何使用 DDMS，内容包含管理进程、使用文件浏览器、使用模拟器控制、使用日志及使用 Screen Capture 捕捉设备屏幕。

2.1.1 管理进程

每个 Android 应用程序都运行在操作系统的单独的虚拟机（VM）中，并且每个程序都用其包名作为 Id。

DDMS 左侧的面板展示了所有正在设备上运行的 VM 实例，它们的名字都是自己的包名。

例如，其中正在运行的Id为com.example.helloworld的VM实例。这时，只能看到它正在运行，却不知道其具体的状态如何。下面讲解了解程序具体的状态的方法。

1. 查看线程

选中要调试的包名，接着点击上方的3个向右的箭头图标，该按钮名为"update threads"。这时在右侧面板的"Threads"标签页中就可以看到该进程中运行的一系列线程了，如图2-3所示。

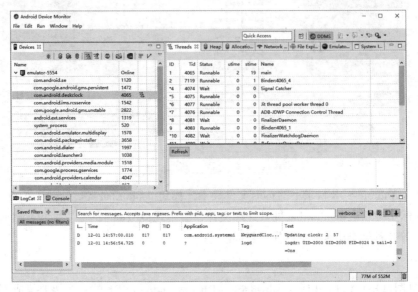

图2-3　查看所有线程

如果要查看某一线程中运行的方法及各个类，操作步骤如下。

（1）打开"Threads"标签页。

（2）选中要查看的线程。

（3）点击"refresh"按钮。

这个时候就可以在"Threads"标签页的下方面板中看到该线程中运行的方法及各个类了，如图2-4所示。

ID	Tid	Status	utime	stime	Name
1	4065	Runnable	2	19	main
2	7119	Runnable	0	1	Binder:4065_4
*4	4074	Wait	0	0	Signal Catcher
*5	4075	Runnable	0	0	
*6	4077	Runnable	0	0	Jit thread pool worker thread 0
*7	4076	Runnable	3	11	ADB-JDWP Connection Control Thread
*8	4081	Wait	0	0	FinalizerDaemon
9	4083	Runnable	0	0	Binder:4065_1
*10	4082	Wait	0	0	FinalizerWatchdogDaemon

Refresh　Wed Dec 01 22:59:01 CST 2021

```
at java.lang.Object.wait(Native Method)
at java.lang.Object.wait(Object.java:442)
at java.lang.ref.ReferenceQueue.remove(ReferenceQueue.java:190)
at java.lang.ref.ReferenceQueue.remove(ReferenceQueue.java:211)
at java.lang.Daemons$FinalizerDaemon.runInternal(Daemons.java:273)
at java.lang.Daemons$Daemon.run(Daemons.java:139)
at java.lang.Thread.run(Thread.java:923)
```

图2-4　查看线程的方法和类

2. 查看堆统计

使用DDMS可以查看应用程序的堆的统计数据。查看时需要执行的步骤如下。

（1）在左侧面板中找到要查看的包，选中它。

（2）点击绿色的小桶图标，该按钮的名字是"update heap"。这时，数据将显示在右侧的"Heap"标签页中。如果没有任何数据显示，点击一下"Cause GC"就可以看到数据出现了。这是因为"Heap"标签页是在每次垃圾回收（GC）之后才会刷新数据。除了被动等待垃圾回收（GC）以外，我们可以通过点击刚才的"Cause GC"主动触发垃圾回收。

（3）选中任意对象，它的使用状况将会以图表的形式显示在下方的面板中，如图2-5所示。

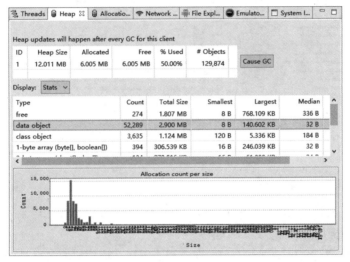

图2-5　查看具体对象

3. 终止进程

终止进程的具体步骤如下。

（1）选中要终止的进程。

（2）单击红色的停止符号图标，该按钮的名字是"Stop Process"。

点击后该进程则被终止，调试结束。

2.1.2 使用文件浏览器

使用文件浏览器可以方便查看模拟器或设备上的文件。开发者也可以使用它将文件从手机导入电脑，或将文件从电脑推送到手机。打开文件浏览器的方法如下。

（1）选中要查看的设备。

（2）选择右侧面板的"File Explorer"标签，就可以打开"File Explorer"标签页了，即文件浏览器，如图2-6所示。

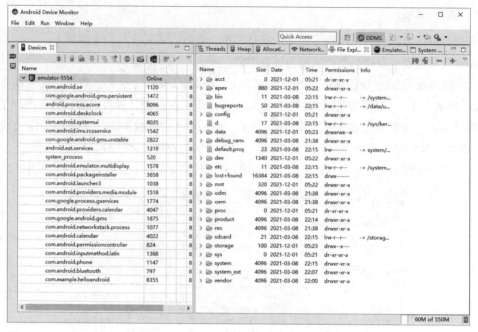

图 2-6　文件浏览器

1. 从手机上拷贝文件到电脑

如果希望从手机设备上将文件拷贝到电脑上，只须完成以下步骤。

（1）选中希望操作的文件。

（2）点击文件浏览器标签页右上角的向左箭头图标，该按钮的名字是"Pull a file from the decvice"。

（3）在弹出的浏览窗中选择文件的保存地址，选好后点击"确定"按钮即可。

2. 从电脑上拷贝文件到手机

拷贝文件到手机时，需要完成以下步骤。

（1）在文件浏览器中选择希望保存文件的文件夹。

（2）点击文件浏览器标签页右上角的向右箭头图标，该按钮的名字是"push a file onto the device"。

（3）在弹出的浏览窗口中选择目标文件，选中后点击"打开"按钮即可。

2.13 使用模拟器控制

使用模拟器控制可以在模拟器中模拟一些特定操作和状态，模拟的状态如下。

（1）模拟语音来电。

（2）模拟接收短消息。

（3）模拟发送GPS信号。

1. 模拟语音来电

模拟语音来电需要完成以下步骤。

（1）在DDMS的左侧面板中选中需要操作的模拟器。

（2）在右侧面板中选择"Emulator Control"标签，打开"Emulator Control"标签页。

（3）在此标签页中"Telephony Actions"菜单下的"Incoming number"编辑框中输入任意号码。

（4）选择"Voice"选项。

（5）点击"Call"按钮。

（6）使用"Hang up"可以挂起。

图2-7显示了模拟时的操作界面。

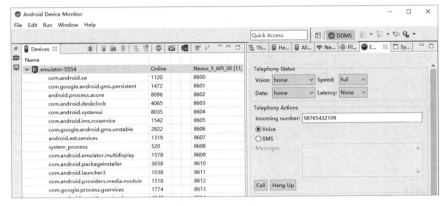

图2-7　模拟器控制

当模拟成功时，模拟器显示如图2-8所示来电显示信息。

图2-8　模拟来电

2. 模拟接收短信息

模拟接收短信息需要完成以下步骤。

（1）在DDMS的左侧面板中选中需要操作的模拟器。

（2）在"Emulator Contaol"标签页中的"Telephony Actions"菜单下的"Incoming number"编辑框中输入任意号码。

（3）选择"SMS"，在"Message"文本框中填入模拟的短消息内容。

（4）点击"Send"模拟发送。

（5）模拟器接收到短消息时显示如图2-9所示。

图2-9　模拟接收短信

3. 模拟发送GPS信息

模拟发送GPS信息需要以下几个步骤。

（1）在DDMS的左侧面板中选中需要操作的模拟器。

（2）在"Emulator Contaol"标签页的"Location Controls"中的"Longitude"与"Latitude"编辑框中分别输入经度和纬度。

（3）点击"Send"发送GPS信号，就可以进行模拟了，操作如图 2-10 所示。

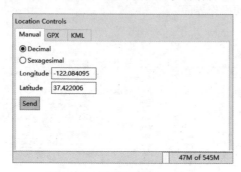

图 2-10　模拟发送GPS信号

2.1.4 使用日志

日志是开发人员在调试程序时必不可少的一个工具。通过它可以查看程序的信息、出现异常的情况，以及错误发生的具体代码段等。使用Logcat的具体步骤如下。

（1）选中需要调试的程序。

（2）在"Windows"菜单中选择"Show View"，在弹出的"Show View"对话框中选择Android文件夹下方"Logcat"。

（3）点击"OK"按钮，即出现程序的日志输出，显示大约如图 2-11 所示。

图 2-11　日志显示

在日志页面上方文本框的旁边有一个下拉列表，此列表中的内容包含 verbose、debug、

info、warn、error 和 assert。它们的意义如下。

（1）verbose：详细信息，即显示所有信息。

（2）debug：调试过滤器，只输出 D、I、W、E 四种信息。

（3）info：信息过滤器，只输出 I、W、E 三种信息。

（4）warn：警告过滤器，只输出 W、E 两种信息。

（5）error：错误过滤器，只输出 E 一种信息。

（6）assert：断言。

> 注意：在图 2-11 中可以看到每种打印等级的颜色都不一样，这是为了从视觉上区分每个项目。

2.1.5 使用 Screen Capture 捕捉设备屏幕

截屏是撰写产品报告和产品说明的重要操作。DDMS 的 Screen Capture 功能可以帮助开发者快速方便地截取手机的屏幕。使用步骤如下。

（1）选择要截取的设备。

（2）点击 DDMS 左侧面板中上方的相机图标，该按钮的名字是 "Screen Capture"。这时出现截屏窗口，如图 2-12 所示（此图由于屏幕限制只截取了一半）。

（3）点击 "Refresh" 可以重新获得屏幕画面。

（4）点击 "Rotate" 按钮可以旋转屏幕。

（5）点击 "Sava" 按钮可以保存画面至目标地址。

（6）点击 "Copy" 按钮可以复制画面，粘贴到需要的地方。

（7）点击 "Done" 按钮退出截屏。

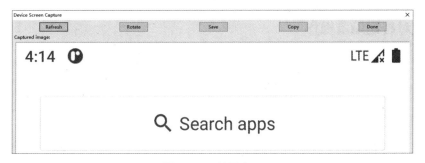

图 2-12　截屏窗口

2.2 使用 Android 调试桥

2.2.1 使用 ADB

要使用 ADB，我们首先要进入 Windows 的 "命令提示符" 窗口。右击 Windows 标志按钮，在弹出的菜单中,点击"运行"命令,弹出"运行"对话框。在该对话框中的文本框中填入"cmd",点击"确定"按钮,弹出"命令提示符"窗口。在此窗口中输入"adb",并按下回车键。如果出现如图 2-13 所示界面则表示 Android 系统环境变量配置成功。

```
命令提示符                                                               —    □    ×

Microsoft Windows [版本 10.0.17134.1488]
(c) 2018 Microsoft Corporation。保留所有权利。

C:\Users\    >adb
Android Debug Bridge version 1.0.41
Version 31.0.3-7562133
Installed as C:\Users\lyy\AppData\Local\Android\Sdk\platform-tools\adb.exe

global options:
 -a          listen on all network interfaces, not just localhost
 -d          use USB device (error if multiple devices connected)
 -e          use TCP/IP device (error if multiple TCP/IP devices available)
 -s SERIAL   use device with given serial (overrides $ANDROID_SERIAL)
 -t ID       use device with given transport id
 -H          name of adb server host [default=localhost]
 -P          port of adb server [default=5037]
 -L SOCKET   listen on given socket for adb server [default=tcp:localhost:5037]
```

图 2-13 "命令提示符"窗口

2.2.2 显示连接到计算机的设备

使用 adb 工具可以很方便地查看所有连接到计算机的设备,只须在"命令提示符"窗口中输入以下命令:

```
adb devices
```

该命令会列出所有连接到计算机的模拟器和真机的序列号及状态。例如,计算机此刻正在运行一台模拟器,输入"adb devices"命令按下回车后输出以下的内容:

```
List of devices attached
emulator-5554    device
```

2.2.3 针对特定设备操作

在 2.2.2 小节中我们已经得到了设备的序列号,这就相当于得到了设备的名字。通过这个序列号,就可以针对特定的设备发布命令了。命令格式为:

```
adb -s <序列号> 针对该设备的命令
```

例如,想要获得模拟器的状态,可以在"命令提示符"窗口中输入以下命令:

```
adb -s emulator-5554 get-state
```

按下回车后输出以下的内容:

```
device
```

2.2.4 启动和停止 adb

有时,日志记录 Logcat 会无法正常工作,如过于频繁地对调试器进行连接和断开操作会导致这一情况。这时,无法调试项目,就需要重新启动 adb 服务。

1. 停止 adb 服务

停止服务的命令为：

```
adb -s emulator-5554 kill-server
```

2. 开始 adb 服务

开始服务的命令为：

```
adb -s emulator-5554 start-server
```

2.2.5 使用 adb 操作文件和 apk

通过 adb 只须执行一行命令就可以方便地将文件在手机和计算机之间进行传递。当然，前提是要知道文件的完整路径。

1. 将文件拷贝到手机

使用 adb push 命令可以实现将文件拷贝到手机。例如，要将 E 盘的 text.txt 文件拷贝到模拟器的 /data/data/com.example.helloworld/ 文件夹，命令为：

```
adb push E:\text.txt /data/data/com.example.helloworld/
```

按下回车后，会显示以下的内容：

```
E:\text.txt: 1 file pushed, 0 skipped.
```

并且会在设备的 /data/data/com.example.helloworld/ 文件夹中看到 test.txt，如图 2-14 所示。

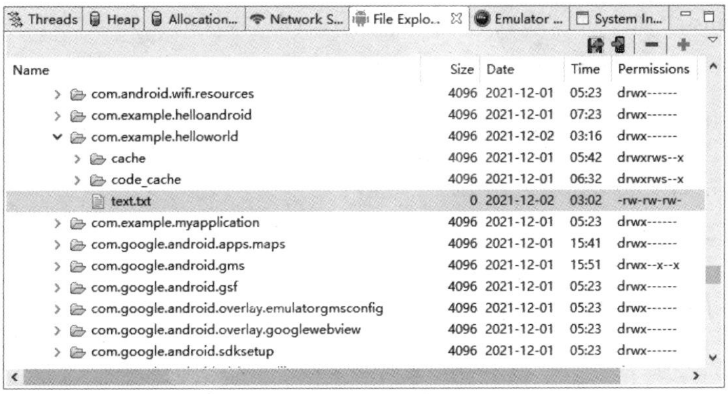

图 2-14　文件浏览器

> 注意：在执行此命令前，需要先执行 adb root 命令，以获取 root 权限。

2. 将文件从手机拷贝到计算机

使用 adb pull 命令可以将文件从手机上拷贝到计算机中。例如，要将 /data/data/com.example.helloworld/text.txt 拷贝到计算机的 E:\MyCode 文件夹中，命令为：

```
adb pull /data/data/com.example.helloworld/text.txt E:\MyCode
```

按下回车后，输出以下内容，并且会在计算机的 E:\MyCode 文件夹中看到 text.txt 文件。

```
/data/data/com.example.helloworld/text.txt: 1 file pulled, 0
skipped.
```

3. 使用 adb 安装应用

开发者可以使用 adb intall 命令实现应用程序的安装。例如，将 E:\Android\app-release.apk 文件安装到模拟器上，这时要输入的命令为：

```
adb install E:\Android\app-release.apk
```

按下回车后，如果安装成功会显示以下的内容：

```
Performing Streamed Install
Success
```

4. 重新安装 apk

如果对安装的应用不满意则可以重新进行安装，其命令为：

```
adb install -r E:\Android\app-release.apk
```

按下回车后，如果安装成功会显示以下的内容：

```
Performing Streamed Install
Success
```

5. 卸载程序

使用 adb uninstall 命令可以卸载手机中的应用，卸载程序时要知道程序的完整包名，如卸载 com.example.helloworld 程序，命令为：

```
adb uninstall com.example.helloworld
```

按下回车后，如果成功卸载会输出以下内容：

```
Success
```

表 2-1 总结了 adb 中的常用命令。

表 2-1　adb 的常用命令

命令	功能
adb devices	查看当前连接设备
adb -s	如果发现多个设备，针对特定的设备发布命令
adb logcat	查看日志
adb install	安装 apk 文件
adb install -r	覆盖安装

命令	功能
adb uninstall	卸载 App
adb uninstall -k	卸载 App 时保留数据
adb push	将文件拷贝到手机
adb pull	将文件从手机拷贝到计算机
adb get-state	获取设备的状态
adb kill-server	终止 adb 进程

2.2.6 使用 adb shell

adb 中包含一个 shell 接口，使用它可以直接操作设备，如查看手机中的所有文件等。下面以查看手机中的所有文件为例，讲解一下如何使用 adb shell。

首先执行 adb shell 命令，进入 adb shell 状态，然后使用 ls 命令得到所有的文件列表，会显示以下内容：

```
acct         bugreports  data                    dev
linkerconfig odm         res         system
adb_keys     cache       data_mirror etc                     lost+found
oem          sdcard      system_ext
apex         config      debug_ramdisk init                  metadata
proc         storage     vendor
bin          d           default.prop  init.environ.rc  mnt
product      sys
```

想要了解 adb shell 状态下更多的命令还需要开发者自行学习 Linux 相关知识，这是因为 Android 内核是基于 Linux 的，在 adb shell 状态下使用的命令都是 Linux 风格的。

操作完毕后输入：

```
exit
```

可以退出 shell 状态。

表 2-2 总结了 adb shell 状态中常用命令。

表 2-2　adb shell 状态中常用命令

命令	功能
ls	查看文件
cd	切换路径
rm	删除文件

续表

命令	功能
mkdir	创建目录
mv	移动文件
touch	创建文件
ping	测试网络连接量
ps	查看进程信息
top	获取CPU使用情况

使用adb调试软件

 任务2-1

使用adb调试软件

任务描述

（1）将 E:\APK 文件夹中的 app-release.apk 安装到模拟器。（APK 是上一章 HelloAndroid 项目生成的）

（2）运行程序后，卸载文件。

任务实施

1.安装文件

使用 adb install 命令将 E:\APK 文件夹中的 app-release.apk 文件安装到模拟器中，命令如下：

```
adb install E:\APK\app-release.apk
```

2.运行程序

在模拟器中找到 HelloAndroid，点击应用后，就实现了运行。

3.卸载文件

使用 adb uninstall 命令可以卸载安装的文件。命令如下：

```
adb uninstall com.example.helloandroid
```

知识拓展

1. 配置 Android 系统环境变量

以下是配置 Android 系统环境变量的具体步骤。

（1）打开"环境变量"对话框，点击"系统变量"标签下的"新建"按钮。

（2）弹出"新建系统变量"对话框，将"变量名"设置为"ANDROID_HOME"，"变量值"设置为 Android SDK 的安装目录，如图 2-15 所示。填写完毕后，点击"确定"按钮。

图 2-15 "新建系统变量"对话框

（3）回到"环境变量"对话框中，选中 Path 变量后，点击"编辑"按钮，在弹出的"编辑环境变量"对话框中点击"新建"按钮，在其中输入 Android SDK 的 platform-tools 文件夹的位置，如图 2-16 所示。输入完毕后，在输入 Android SDK 的 build-tools\30.0.2 文件夹的位置，点击"确定"按钮，回到"环境变量"对话框。此时环境变量就配置好了。

图 2-16 "编辑环境变量"对话框

2. 生成 APK 文件

APK（Android Application Package，即 Android 应用程序包）是 Android 操作系统使用的一种应用程序包文件格式，用于分发和安装移动应用及中间件。Android Studio 就可以生成 APK 文件。具体的操作步骤如下。

（1）点击菜单栏中的"Build|Generate Signed Bundle / APK…"命令，弹出"Generate Signed Bundle or APK"对话框。

（2）选择 APK，点击"Next"按钮，弹出对密钥文件进行设置的对话框，在此对话框中需要输入用来进行签名的密钥文件的存放位置，同时输入密钥文件的读写用户名密码。

> 注意：在输入密钥文件的存放位置时，会有两种情况，第一种是密钥文件存在，第二种是密钥文件不存在。下面将讲解这两种情况。
>
> （1）密钥文件存在。如果密钥文件存在，可以点击"Choose existing…"按钮，在弹出的"Select Path"对话框中选中存在的密钥文件，再点击"OK"按钮，返回到对密钥进行设置的对话框中，然后将该对话框中的内容填充完。
>
> （2）密钥文件不存在。如果密钥文件不存在，可以在对密钥文件进行设置的对话框中

点击"Create new…"按钮，在弹出的"New Key Store"对话框中创建一个新的密钥文件。其中，"Key store path"用来设置密钥文件的保存路径，开发者可以点击"Key store path"最后方的"文件夹"图标，在弹出的"Choose keystore file"对话框中选择文件保存的路径及设置密钥文件的名称后，点击"OK"按钮，就会返回到"New Key Store"对话框中，此时在"Key store path"中会看到密钥文件的保存路径。将"New Key Store"对话框中要求填写的内容填写完毕后，点击"OK"按钮，会返回到对密钥文件进行设置的对话框中，此时该对话框中的内容会完成自动填充。

（3）在对密钥文件进行设置的对话框中点击"Next"按钮，弹出"选择构造类型"对话框。在"Build Variants"中选中"release"（打包分debug版和release包，通常所说的打包指生成release版的apk，release版的apk会比debug版的小，release版的还会进行混淆和用自己的keystore签名，以防止别人反编译后重新打包替换你的应用）。

（4）点击"Finish"按钮后，会实现apk的生成，生成后的apk保存在project name\app\release\文件夹中。

本章习题

一、填空题

1. DDMS是_____开发环境中的_____虚拟机调试监控服务。

2. DDMS的_____功能可以帮助开发者快速方便地截取手机的屏幕。

二、选择题

1. 下列可以查看所有连接到计算机的设备的命令是（　　　）。

A. adb devices　　　　B. adb −s　　　　C. adb push　　　　D. adb install

2. 下列不是adb shell的命令的选项是（　　　）。

A. ls　　　　B. cd　　　　C. ps　　　　D. adb push

三、判断题

1. Android调试桥的英文名称为Android Debug Bridge，简写为ADB。　　（　　）

2. 通过日志可以查看程序的信息、出现异常的情况，以及错误发生的具体代码段。　　（　　）

四、操作题

将一个app-release.apk文件安装到模拟器中。

第 3 章

Android UI 编程

UI 是 User Interface(用户界面)的简称。一个好的 UI 可以提升用户的体验度。本章所介绍的内容是非常重要的,因为本章着重介绍 Android 开发中常用的 UI 组件,如文本控件、按钮、进度条、复选框等。

1. 什么是视图

Android程序由一个或多个Activity组成。在Android Studio中，Activity默认继承自AppCompatActivity。界面显示在Activity中，而Activity本身并不显示，也就是说Activity只是一个容器。在容器里装着的内容有文本视图、按钮、单选项、多选项、文本框等，这些组件统称为View，中文称之为"视图"。

Android SDK有一个android.view包，该包中是一些与界面绘制相关的接口和类。通常，开发中所说的View并不是这个包，而是该包中的一个类——android.view.View。而View类实质上是屏幕上的一块矩形区域，它是所有的Widge和布局的基类。

2. 什么是Widget

Android SDK有一个android.widget包，这个包里包含了很多的类，如TextView（文本视图）、EditText（文本框）、ScrollView（滚动视图）及Layout（布局）等。通常这些组件都是继承于View类。

3. 什么是ViewGroup

Android SDK中有一个类android.widget.ViewGroup。这个类是View的容器类，也是View的子类。一个ViewGroup对象负责对添加进去的各个View对象进行布局。一个ViewGroup对象中也可以添加另一个ViewGroup对象，因为ViewGroup同样继承于android.view.ViewGroup。

ViewGroup是一个抽象类，其典型的实现类是布局。一个布局按照一定的规则对添加在其内的子Widget进行布局。例如，android.widget.LinearLayout类是按照横向或纵向排列子Widget；android.widget.AbsoluteLayout类是按照绝对位置摆放子Widget，也就是说可以为每一个子Widget指定一个精确的坐标。

总而言之，一个ViewGroup可以容纳一些开发者需要的子Widget，并按照一定规则对其进行排列。如果一个ViewGroup对象不够，那么可以将多个ViewGroup嵌套，最终实现设想的界面。

3.1 常见的Widget组件

本节将介绍常见的Widget组件，其中包含TextView（文本视图）、EditText（文本框）、

ScrollView（滚动视图）、Button（按钮）、ImageButton（图片按钮）、CheckBox（复选框）、RadioGroup（单选框）、Spinner（下拉列表框）、ProgressBar（进度条）、SeekBar（拖动条）、ImageView（图片视图）、GridView（网格视图）和 Toast（消息提醒）。

3.1.1 使用可滚动的文本视图——TextView

TextView 是 Android SDK 中最简单，也是最重要的一个类。其用处是向用户简单地显示一些固定的字符串。本小节将讲解该控件的使用。

1. 创建 TextView

在 Android 中对应组件的创建一般都在 .xml 文件中进行，所以 TextView 这组件需要在 .xml 文件中进行，它的创建形式如下：

```
<TextView
    ......
/>
```

2. 设置 TextView

创建 TextView 之后，就可以对它进行设置了，此时需要使用 TextView 的属性，从而让自己的应用程序与众不同。TextView 的属性见表 3-1。

表 3-1 TextView 的属性

属性	功能
android:textSize	设置字体大小
android:background	设置背景颜色
android:textColor	设置字体颜色
android:ems	设置宽度
android:lines	设置行数
android:ellipsize	设置省略属性
android:text	指定了 TextView 中显示的文字
android:layout_width	指定了 TextView 渲染的矩形区域的宽
android:layout_height	指定了 TextView 渲染的矩形区域的高

注意：这些属性需要写在创建 TextView 的标签中，如以下的代码实现了对显示文字、高度和宽度的设置。

```
<TextView
     android:layout_width="wrap_content"
     android:layout_height="wrap_content"
     android:text="Hello World!"/>
```

> 注意：如果是设置其他组件也是一样的，关于设置组件的属性都需要写在创建对应的标签中。

3. 其他

除了创建组件和对组件的设置外，其他的功能及 TextView 中提供的方法都需要在 Java 文件中实现，如获得文本视图操作对象、使用 setText() 设置显示的文字等。

> 注意：所有组件的方法及除创建和设置组件外的其他功能都需要通过 Java 文件实现。

3.1.2 使用文本框——EditText

EditText 是 TextView 的子类，其用处是让用户进行输入。一般我们看到的用户登录界面中输入密码、输入账号名等都是使用该控件实现的。本小节将讲解该控件的使用。

1. 创建 EditText

创建 EditText 的代码如下：

```
<EditText
    ......
/>
```

2. 设置 EditText

EditText 是 TextView 的子类，所以基本上 TextView 的属性同样可以作用于 EditText 上。

3. 其他

在 Java 文件中可以使用 addTextChangedListener() 方法实现文本框控件的文本监听。如果文本改变，可以实现对应的响应。

实例 3-1 实现监听文本框控件，如果文本改变，在文本视图中显示。具体操作步骤如下。

（1）创建 Android 项目，项目名为 EditTextDemo。

（2）打开 activity_main.xml 文件，实现对 TextView 和 EditText 组件的创建及设置。代码如下：

```xml
<?xml version="1.0" encoding="utf-8"?>
<LinearLayout xmlns:android="http://schemas.android.com/apk/res/
android"
    android:layout_width="fill_parent"
    android:layout_height="fill_parent"
    android:orientation="vertical"
    android:gravity="center">
    <TextView
        android:id="@+id/textView"
        android:layout_width="match_parent"
        android:layout_height="wrap_content"
```

```
        android:text=""/>
    <EditText
        android:id="@+id/editText"
        android:layout_width="wrap_content"
        android:layout_height="wrap_content"
        android:text="Hello World!"/>
</LinearLayout>
```

（3）打开MainActivity文件，实现对文本框控件的监听。代码如下：

```java
package com.example.edittextdemo;
import androidx.appcompat.app.AppCompatActivity;
import android.os.Bundle;
import android.text.*;
import android.widget.*;
public class MainActivity extends AppCompatActivity {
    TextView tv;
    EditText et;
    @Override
    protected void onCreate(Bundle savedInstanceState) {
        super.onCreate(savedInstanceState);
        setContentView(R.layout.activity_main);
        //获得组件的操作对象
        tv=(TextView) findViewById(R.id.textView);
        et=(EditText) findViewById(R.id.editText);
        //实现文本改变的监听
        et.addTextChangedListener(new TextWatcher() {
            @Override
            public void beforeTextChanged(CharSequence s, int
start, int count, int after) {
            }
            @Override
            public void onTextChanged(CharSequence s, int start,
int before, int count) {
                tv.setText("文本框输入:"+et.getText().
toString());
            }
            public void afterTextChanged(Editable editable) {
            }
        });
    }
}
```

运行程序，初始效果如图 3-1 所示。当改变文本框中的内容时，会看到类似于图 3-2 所示的效果。

图 3-1　初始效果

图 3-2　改变文本

3.1.3　使用可滚动的视图——ScrollView

ScrollView 也是一个 ViewGroup 的实现类，当需要在一定的区域内显示更多的内容时，我们可以将 View 添加入 ScrollView 中。本小节将讲解该控件的使用。

使用可滚动的视图——ScrollView

1. 创建 ScrollView

创建 ScrollView 的代码如下：

```
<ScrollView
    ......
/>
```

2. 设置 ScrollView

ScrollView 中常用属性见表 3-2。

表 3-2　ScrollView 的常用属性

属性	功能
android:scrollbars	设置滚动条显示，可设置的值包括 none（隐藏）、horizontal（水平）、vertical（垂直）
android:scrollbarSize	设置滚动条的宽度
android:scrollbarStyle	设置滚动条的风格和位置，可设置的值包括 insideOverlay、insideInset、outsideOverlay、outsideInset
android:fadeScrollbars	是否隐藏滚动条

注意：将 TextView 与 ScrollView 结合起来就可以实现页面的滚动了。

实例 3-2　实现页面的滚动效果。具体操作步骤如下。

（1）创建 Android 项目，项目名为 ScrollViewDemo。

（2）打开 activity_main.xml 文件，实现对 ScrollView 和 TextView 组件的创建及设置。代码如下：

```
<?xml version="1.0" encoding="utf-8"?>
<LinearLayout xmlns:android="http://schemas.android.com/apk/res/
```

```
android"
    android:orientation="vertical"
    android:layout_width="fill_parent"
    android:layout_height="fill_parent"
    android:gravity="center">
    <ScrollView
        android:layout_width="400px"
        android:layout_height="300px">
        <TextView
            android:id="@+id/textView"
            android:layout_width="wrap_content"
            android:layout_height="wrap_content"
            android:textSize="20dp"/>
    </ScrollView>
</LinearLayout>
```

（3）打开MainActivity文件，实现通过方法对TextView控件进行设置。代码如下：

```
package com.example.scrollviewdemo;
import androidx.appcompat.app.AppCompatActivity;
import android.graphics.Color;
import android.os.Bundle;
import android.widget.*;
public class MainActivity extends AppCompatActivity {
    @Override
    protected void onCreate(Bundle savedInstanceState) {
        super.onCreate(savedInstanceState);
        setContentView(R.layout.activity_main);
        TextView tv=(TextView) findViewById(R.id.textView);
        tv.setBackgroundColor(Color.CYAN);
        tv.setTextColor(Color.BLACK);
        tv.setText("第1行"+"\n"+"第2行"+"\n"+"第3行"+"\n"+
                "第4行"+"\n"+"第5行"+"\n"+"第6行"+"\n"+"第7行
"+"\n"+"第8行"+"\n");
    }
}
```

运行程序，初始效果如图 3-3 所示。进行滚动后，会看到如图 3-4 所示的效果。

图 3-3　初始效果　　　　　　　　　　　　　　图 3-4　实现滚动

3.1.4 使用按钮——Button

Button按钮控件也是TextView的子类。该控件在进行一次人机交互时使用的是最多的。本小节将讲解该控件的使用。

1. 创建Button

创建Button的代码如下：

```
<Button
......
/>
```

2. 设置Button

Button是TextView的子类，所以基本上TextView的属性同样可以作用于Button上。

3. 其他

与之前我们学习的三类组件不一样的是，按钮组件必须在Java代码中实现一些逻辑上的处理，也就是说我们必须要为按钮添加点击的响应事件，否则，这个按钮也就形同虚设。此功能的实现需要使用到setOnClickListener()方法，该方法可以为按钮的点击设置监听。

实例 3-3 实现点击按钮改变界面背景颜色的效果。具体操作步骤如下。

（1）创建Android项目，项目名为ButtonDemo。

（2）打开activity_main.xml文件，实现对Button组件的创建及设置。代码如下：

```
<?xml version="1.0" encoding="utf-8"?>
<LinearLayout xmlns:android="http://schemas.android.com/apk/res/
android"
    android:layout_width="fill_parent"
    android:layout_height="fill_parent"
    android:orientation="vertical">
    <Button android:text="Change Color"
        android:textSize="30dp"
        android:id="@+id/button"
        android:layout_width="fill_parent"
        android:layout_height="100dp"/>
</LinearLayout>
```

（3）打开MainActivity文件，实现点击按钮改变背景颜色的功能。代码如下：

```
package com.example.buttondemo;
import androidx.appcompat.app.AppCompatActivity;
import android.os.Bundle;
import android.content.res.Resources;
import android.graphics.drawable.Drawable;
import android.view.View;
import android.widget.Button;
```

```
public class MainActivity extends AppCompatActivity {
    @Override
    protected void onCreate(Bundle savedInstanceState) {
        super.onCreate(savedInstanceState);
        setContentView(R.layout.activity_main);
        Button btn=(Button)findViewById(R.id.button);
        btn.setOnClickListener(new View.OnClickListener()
        {
            public void onClick(View arg0)
            {
                Resources res=getResources();
                                //获取res资源文件夹的对象
                Drawable drawable=res.getDrawable(R.drawable.ic_
launcher_background,null);
                getWindow().setBackgroundDrawable(drawable);
            }
        });
    }
}
```

运行程序，初始效果如图 3-5 所示。点击按钮会看到界面的背景颜色改变了，如图 3-6 所示。

图 3-5　初始效果

图 3-6　改变背景颜色

3.1.5 使用图片按钮——ImageButton

为了使界面更加美观、更加华丽，我们还可以使用另一按钮组件 ImageButton（图片按钮）。当我们希望按钮以图片的形式出现时，可以使用该组件，以使界面显得更生动。本小节将讲解该控件的使用。

1. 创建 ImageButton

创建 ImageButton 的代码如下：

```
<ImageButton
    ......
/>
```

2. 设置 ImageButton

ImageButton 常用属性见表 3-3。

表 3-3　ImageButton 的常用属性

属性	功能
android:src	设置一个可绘制的 ImageView 内容
android:adjustViewBounds	设置为 true，调整 ImageView 的边界以保持其绘制的高宽比
android:cropToPadding	如果为 true，图像将被裁剪以适合其填充之内
android:background	设置背景
android:contentDescription	定义文本简要描述视图内容

3. 其他

和按钮控件一样，该组件必须在 Java 代码中实现一些逻辑上的处理，即点击按钮后实现响应，该功能同样可以使用 setOnClickListener() 方法实现。

使用复选框——CheckBox

3.1.6　使用复选框——CheckBox

CheckBox 常被用于下载软件时弹出一个许可协议，选择是否同意；给出一个列表，勾选想要的选项。总之，针对某个选项开发者希望用户给出"是"或"否"的操作时，就可以用它了。本小节将讲解该控件的使用。

1. 创建 CheckBox

创建 CheckBox 的代码如下：

```
<CheckBox
    ......
/>
```

2. 设置 CheckBox

CheckBox 最常使用两个属性，介绍如下。

（1）android:text：复选框要显示的文本内容。

（2）android:checked：复选框是否被选中。

3. 其他

开发者可以使用 setOnClickListener() 方法和 setOnCheckedChangeListener() 方法为复选框设置监听，从而监听复选框是否被点击，并做出相应的响应。其中，setOnCheckedChangeListener() 方法实现的是 CheckBox 进行多选的情况下当前 CheckBox 是否被选中。

实例 3-4　实现一个许可协议的功能。具体操作步骤如下。

（1）创建 Android 项目，项目名为 CheckBoxDemo。

（2）打开 activity_main.xml 文件，实现对 CheckBox 和 TextView 组件的创建及设置。代码如下：

```
<?xml version="1.0" encoding="utf-8"?>
<LinearLayout xmlns:android="http://schemas.android.com/apk/res/
android"
```

```
        android:orientation="vertical"
        android:layout_width="fill_parent"
        android:layout_height="fill_parent">
    <TextView
        android:layout_width="fill_parent"
        android:layout_height="wrap_content"
        android:text="合同出让方又称许可人，其主要合同义务是：(1)向受让
方交付技术资料并提供必要的指导；(2)保证转让技术达到约定的技术经济指标；(3)许
可受让方按约使用其技术，不得限制其正常的技术竞争和技术发展。受让方又称被许可
方，其主要合同义务是：(1)按约支付使用费；(2)在合同约定的条件和范围内正当实施
使用受让技术；(3)按约对受让技术承担保密义务。"
        android:textSize="17sp"/>
    <CheckBox
        android:id="@+id/cb"
        android:layout_width="wrap_content"
        android:layout_height="wrap_content"
        android:layout_marginTop="150px"
        android:layout_marginLeft="110px"
        android:text="你是否同意该条款，同意请勾选"/>
    <TextView
        android:id="@+id/tv"
        android:layout_width="fill_parent"
        android:layout_height="wrap_content"
        android:textSize="30sp"/>
</LinearLayout>
```

（3）打开 MainActivity 文件，实现对复选框的监听。代码如下：

```
package com.example.checkboxdemo;
import androidx.appcompat.app.AppCompatActivity;
import android.os.Bundle;
import android.view.View;
import android.widget.*;
public class MainActivity extends AppCompatActivity {
    @Override
    protected void onCreate(Bundle savedInstanceState) {
        super.onCreate(savedInstanceState);
        setContentView(R.layout.activity_main);
        TextView tv=(TextView) findViewById(R.id.tv);
        CheckBox cb=(CheckBox) findViewById(R.id.cb);
        cb.setOnClickListener(new View.OnClickListener()
        {
            @Override
            public void onClick(View arg0)
            {
```

```
            if (cb.isChecked())           //判断是否被选中
            {
                tv.setText("您同意了该条款");
            }
            else
                tv.setText("您未同意该条款");
        }
    });
}
}
```

运行程序，初始效果如图 3-7 所示。选中复选框后，会看到如图 3-8 所示的效果。

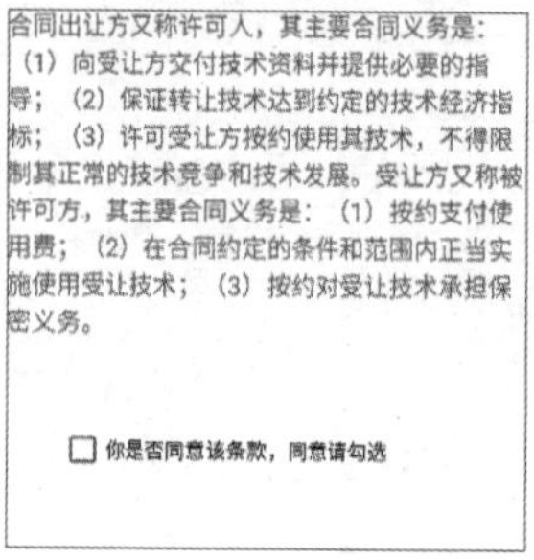

合同出让方又称许可人，其主要合同义务是：
（1）向受让方交付技术资料并提供必要的指导；（2）保证转让技术达到约定的技术经济指标；（3）许可受让方按约使用其技术，不得限制其正常的技术竞争和技术发展。受让方又称被许可方，其主要合同义务是：（1）按约支付使用费；（2）在合同约定的条件和范围内正当实施使用受让技术；（3）按约对受让技术承担保密义务。

☐ 你是否同意该条款，同意请勾选

图 3-7　初始效果

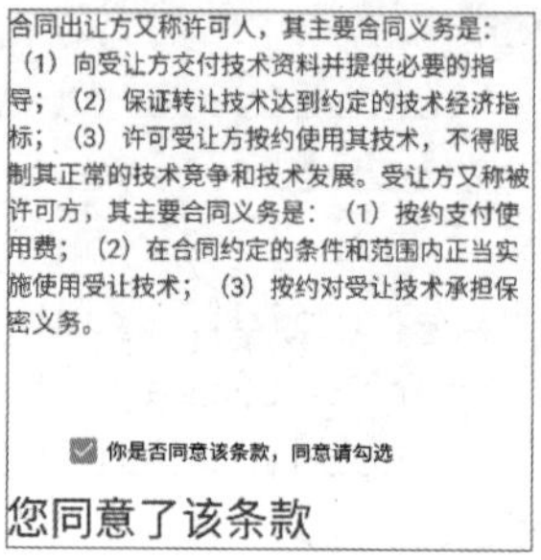

合同出让方又称许可人，其主要合同义务是：
（1）向受让方交付技术资料并提供必要的指导；（2）保证转让技术达到约定的技术经济指标；（3）许可受让方按约使用其技术，不得限制其正常的技术竞争和技术发展。受让方又称被许可方，其主要合同义务是：（1）按约支付使用费；（2）在合同约定的条件和范围内正当实施使用受让技术；（3）按约对受让技术承担保密义务。

☑ 你是否同意该条款，同意请勾选

您同意了该条款

图 3-8　选中复选框后的效果

使用单选框——
RadioGroup

3.1.7　使用单选框——RadioGroup

RadioGroup 提供了一种多选一的选择模式，也是经常应用的组件。本小节将讲解该控件的使用。

1. 创建 RadioGroup

创建 RadioGroup 的代码如下：

```
<RadioGroup
    ......
        <RadioButton
            ......
        />
        <RadioButton
            ......
        />
</RadioGroup>
```

由此代码我们可以看出，RadioGroup 是一个 View 容器类。其中需要添加选项，即 RadioButton。这里我们向其中添加了两项，当然也可以添加更多，但是最后只能选择其中一个选项。

2. 设置RadioGroup和RadioButton

RadioGroup最常使用一个属性，即android:checkedButton，该属性表示默认勾选的选项。RadioButton最常使用的属性为android:checked，表示默认勾选。如果在程序中同时使用了android:checkedButton和android:checked这2个属性，则以android:checked为主。

3. 其他

开发者可以使用setOnCheckedChangeListener()方法为单选框设置监听，从而监听单选框，做出相应的响应。

实例3-5 实现一个户籍填写的功能。具体操作步骤如下。

（1）创建Android项目，项目名为RadioGroupDemo。

（2）打开activity_main.xml文件，实现对RadioGroup和TextView组件的创建及设置。代码如下：

```xml
<?xml version="1.0" encoding="utf-8"?>
<LinearLayout xmlns:android="http://schemas.android.com/apk/res/
android"
    android:layout_width="fill_parent"
    android:layout_height="fill_parent"
    android:orientation="vertical">
<TextView
    android:layout_width="fill_parent"
    android:layout_height="wrap_content"
    android:text="请选择您的户籍："
    android:textSize="30sp"/>
<RadioGroup
    android:id="@+id/radioGroup"
    android:layout_width="fill_parent"
    android:layout_height="wrap_content">
    <RadioButton
        android:id="@+id/radio1"
        android:layout_width="fill_parent"
        android:layout_height="wrap_content"
        android:text="山西"
        android:textSize="20sp"/>
    <RadioButton
        android:id="@+id/radio2"
        android:layout_width="fill_parent"
        android:layout_height="wrap_content"
        android:text="陕西"
        android:textSize="20sp"
        android:checked="true"/>
    <RadioButton
        android:id="@+id/radio3"
        android:layout_width="fill_parent"
```

```
        android:layout_height="wrap_content"
        android:text="山东"
        android:textSize="20sp"/>
    </RadioGroup>
    <TextView
        android:id="@+id/tv"
        android:layout_width="fill_parent"
        android:layout_height="wrap_content"
        android:textSize="30sp"/>
</LinearLayout>
```

（3）打开 MainActivity 文件，实现对单选框的监听。代码如下：

```
package com.example.radiogroupdemo;
import androidx.appcompat.app.AppCompatActivity;
import android.os.Bundle;
import android.widget.*;
public class MainActivity extends AppCompatActivity {
    RadioGroup   rg ;
    RadioButton  rb1;
    RadioButton  rb2;
    RadioButton  rb3;
    TextView  tv;
    @Override
    protected void onCreate(Bundle savedInstanceState) {
        super.onCreate(savedInstanceState);
        setContentView(R.layout.activity_main);
        rg=(RadioGroup) findViewById(R.id.radioGroup);
//获得需要操作的 View 的对象
        rb1=(RadioButton)findViewById(R.id.radio1);
        rb2=(RadioButton)findViewById(R.id.radio2);
        rb3=(RadioButton)findViewById(R.id.radio3);
        tv=(TextView)      findViewById(R.id.tv);
        tv.setText("你的户籍为：陕西");
        rg.setOnCheckedChangeListener(new RadioGroup.
OnCheckedChangeListener()
        {
            @Override
            public void onCheckedChanged(RadioGroup arg0, int
arg1)
            {
                if (rb1.isChecked())
                    tv.setText("你的户籍为：山西");
                else if (rb2.isChecked())
                    tv.setText("你的户籍为：陕西");
```

```
            else
                tv.setText("你的户籍为：山东");
        }
    });
    }
}
```

运行程序，初始效果如图 3-9 所示。选中某一选项，会看到类似于图 3-10 所示的效果。

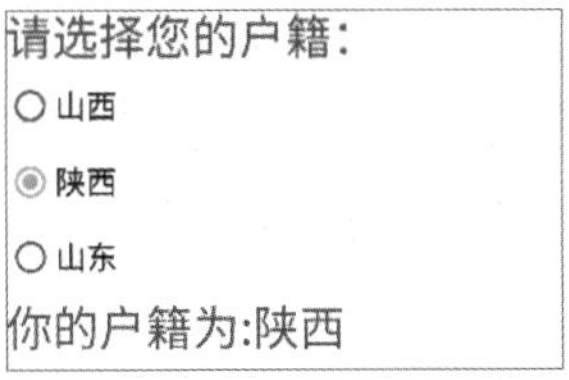

请选择您的户籍：
○ 山西
◉ 陕西
○ 山东
你的户籍为:陕西

图 3-9　初始效果

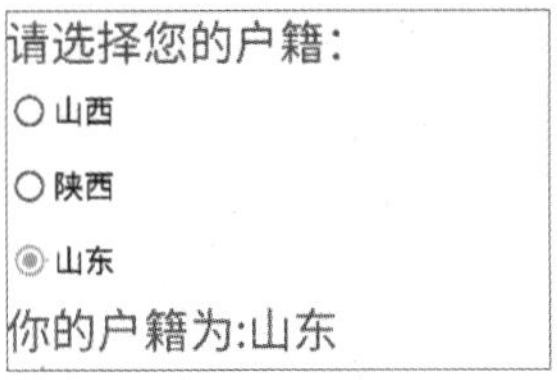

请选择您的户籍：
○ 山西
○ 陕西
◉ 山东
你的户籍为:山东

图 3-10　选择某一项

3.1.8 使用下拉列表框——Spinner

使用下拉列表
框——Spinner

Spinner 提供了从一个数据集合中快速选择一项值的办法。默认情况下 Spinner 显示的是当前选择的值，点击 Spinner 会弹出一个包含所有可选值的下拉列表，从该列表中可以为 Spinner 选择一个新值。本小节将讲解该控件的使用。

1. 创建 Spinner

创建 Spinner 的代码如下：

```
<Spinner
    ……
/>
```

2. 设置 Spinner

在 Java 代码中，使用 Spinner 需要进行如下设置：获取 Spinner 对象、创建 Adapter、为 Spinner 对象设置 Adapter 和为 Spinner 对象设置监听器。下面依次介绍这 4 个步骤。

（1）获取 Spinner 对象。通过 findViewById() 方法获取 Spinner 对象。这个方法我们在之前的实例中都使用到了，这里就不再进行介绍了。

（2）创建 Adapter。这个步骤可以分为 2 步，分别为新建 Adapter 对象和设置下拉视图的资源。下面我们依次进行介绍。

① 新建 Adapter 对象：通过 ArrayAdapter.ArrayAdapter(Context context, int textViewResourceId, List<String> objects) 构造方法实现。该方法的 3 个参数含义如下。

● Contex：表明上下文关系，即指出这个 Adapter 属于哪个 Activity 和哪个应用程序。

● textViewResourceId：TextView 的资源 Id，我们可以自己写一个 TextView，也可以使用系统自带的 TextView。

● objects：需要向下拉列表中添加的数据，可以是一个静态的 String 数组，也可以是一个动态的 List<String>。

②为Adapter设置下拉视图的资源：使用ArrayAdapter.setDropDownViewResource(int resource)方法实现，参数指定的资源可以由自己配置或使用系统提供的资源。

（3）为Spinner对象设置Adapter。通过setAdapter(SpinnerAdapter adapter)方法可以很方便地将Spinner与SpinnerAdapter关联起来。

（4）为Spinner对象设置监听器。通过setOnItemSelectedListener(OnItemSelectedListener listener)方法设置监听器。注意这里的参数是一个OnItemSelectedListener接口，实现这个接口需要重写2个方法，如下所示。

①void onItemSelected(AdapterView<?>parent,View view, int position，long id)。在这个方法中可以完成当选项被选中时要做的处理。我们看到这个方法中有4个参数，其意义分别为：

● parent：这个参数的意义类似于context，只是范围较小，是指当前操作的AdapterView，从对象名parent也可看出一些端倪，即父视图。

● view：这个参数是指具体点击的那个view对象。

● position：这个参数是指被点击view对象在整个AdapterView中的位置，如第一个View对象的position为0。

● id：这个参数在实际的编程中使用较少，其意义为被点击的view的Id。

②void onNothingSelected(AdapterView<?>parent)。这个回调函数在该AdapterView中没有选项时被调用，其中只有一个参数AdapterView，这是因为其内的选项为空。

实例 3-6 使用Spinner实现一个当前所在地的选择。具体的操作步骤如下。

（1）创建Android项目，项目名为SpinnerDemo。

（2）打开activity_main.xml文件，实现对Spinner和TextView组件的创建及设置。代码如下：

```xml
<?xml version="1.0" encoding="utf-8"?>
<LinearLayout xmlns:android="http://schemas.android.com/apk/res/android"
    android:orientation="vertical"
    android:layout_width="fill_parent"
    android:layout_height="fill_parent">
    <TextView
        android:layout_width="fill_parent"
        android:layout_height="wrap_content"
        android:text="请选择当前所在地："
        android:textSize="20sp"/>
    <Spinner
        android:paddingTop="10px"
        android:id="@+id/spin"
        android:layout_width="fill_parent"
        android:layout_height="50sp"/>
    <TextView
        android:id="@+id/tv1"
        android:layout_width="fill_parent"
        android:layout_height="wrap_content"
        android:textSize="20sp"/>
```

```
</LinearLayout>
```

（3）创建一个dropdown.xml文件，编写下拉列表的视图资源，即每个Item的TextView。代码如下：

```xml
<?xml version="1.0" encoding="utf-8"?>
<TextView  xmlns:android="http://schemas.android.com/apk/res/
android"
    android:id="@+id/tv2"
    android:layout_width="fill_parent"
    android:layout_height="20sp"
    android:singleLine="true"
style="?android:attr/spinnerDropDownItemStyle"/>
```

（4）打开MainActivity文件，实现对Spinner的使用。代码如下：

```java
package com.example.spinnerdemo;
import androidx.appcompat.app.AppCompatActivity;
import android.os.Bundle;
import android.view.View;
import android.widget.*;
public class MainActivity extends AppCompatActivity {
    //声明需使用的对象
    Spinner spinner;
    TextView tv;
    ArrayAdapter<String> adapter;
    static final String[] address={"山西","湖北","河南","黑龙江",
                                    "其他"};

    @Override
    protected void onCreate(Bundle savedInstanceState) {
        super.onCreate(savedInstanceState);
        setContentView(R.layout.activity_main);
        spinner=(Spinner) findViewById(R.id.spin);
                                    //获得Spinner对象
        tv=(TextView) findViewById(R.id.tv1);
                                    //新建Adapter对象
        adapter=new ArrayAdapter<String>(this,android.R.layout.
                                    simple_spinner_item,
                                    address);
        adapter.setDropDownViewResource(R.layout.dropdown);
                                    //设置下拉视图资源
        spinner.setAdapter(adapter);    //设置Adapter
        //设置监听器
        spinner.setOnItemSelectedListener(new AdapterView.
OnItemSelectedListener()
        {
```

```
            @Override
            public void onItemSelected(AdapterView<?> parent,
View view, int position, long id) {
                String selected=address[position];
                //tv.setText(""seleted);
                tv.setText("你当前的所在地为: "+seleted);
                parent.setVisibility(View.VISIBLE);
            }
            @Override
            public void onNothingSelected(AdapterView<?> parent)
            {
                tv.setText("您没有选择");
            }
        });
    }
}
```

运行程序，初始效果如图 3-11 所示。点击下拉列表右侧的 ▼，显示下拉列表的所有数据信息，如图 3-12 所示。选择"黑龙江"后，会出现如图 3-13 所示的效果。

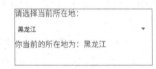

图 3-11　初始效果　　　　　图 3-12　下拉列表　　　　图 3-13　选择"黑龙江"

3.1.9 使用进度条——ProgressBar

ProgressBar 为进度条，可以很直观地向用户展示程序目前的运行进程，非常友好。本小节将讲解该控件的使用。

1. 创建 ProgressBar

创建 ProgressBar 的代码如下：

```
<ProgressBar
    ......
/>
```

2. 设置 ProgressBar

ProgressBar 中常用的属性为 style，该属性可以用来设置进度条的风格，默认为圆形进度条。如果要设置水平进度条，可以使用以下的代码：

```
<ProgressBar
        android:layout_width="wrap_content"
        android:layout_height="wrap_content"
        style="?android:attr/progressBarStyleHorizontal"/>
```

3. 其他

如果需要在进度条中体现出具体的进度，可以在Java文件中使用setProgress()方法实现。
该方法的使用如下：

```
setProgress(50);
```

其中，参数表明ProgressBar显示到的具体值，这里是50。

3.1.10 使用拖动条——SeekBar

SeekBar拖动条可以实现到达用户希望的任何程度，与用户的交互性更强。本小节将讲解
该控件的使用。

1. 创建SeekBar

创建SeekBar的代码如下：

```
<SeekBar
    ......
/>
```

2. 设置SeekBar

SeekBar最常使用的属性见表3-4。

表 3-4　SeekBar的常用属性

属性	功能
android:max	拖动条的最大值
android:progress	拖动条的当前值
android:secondaryProgress	二级滑动条的进度
android:thumb	滑块的 drawable

3. 其他

开发者可以使用setOnSeekBarChangeListener()方法实现对SeekBar的监听。当拖动条改变时
做出响应。

3.1.11 使用图片视图——ImageView

ImageView是用来显示图像的一个组件。本小节将介绍该控件的使用。

1. 创建ImageView

创建ImageView的代码如下：

```
<ImageView
    ......
/>
```

2. 设置 ImageView

ImageView最常使用的属性为android:src，用于设置该ImageView需要显示的内容。

3. 其他

如果希望更改ImageView的图片，可以使用setImageDrawable()方法设置图片内容。当然，ImageView还有更多的其他属性，比如可以通过setAlpha(int alpha)方法设置透明度。

使用网格视
图——GridView

3.1.12 使用网格视图——GridView

GridView组件用来以网格方式排列视图，与矩阵类似，当屏幕上有很多元素（文字、图片或其他元素）需要显示时，可以使用该组件。本小节将讲解该控件的使用。

1. 创建 GridView

创建GridView的代码如下：

```
<ImageView
    ......
/>
```

2. 设置 GridView

GridView最常使用的属性见表3-5。

表 3-5　GridView 的常用属性

属性	功能
android:numColumns	列数
android:columnWidth	每列的宽度
android:stretchMode	缩放模式
android:verticalSpacing	两行之间的边距
android:horizontalSpacing	两列之间的边距

3. 其他

在Java代码中，GridView的使用需要进行如下设置：获取GridView对象、新建适配器、为GridView设置适配器和为GridView设置监听器。下面依次介绍这4个步骤。

（1）获取GridView对象。通过findViewById(int id)方法获取GridView对象。

（2）新建适配器。为了达到更好的效果，我们需要自己写一个继承自BaseAdapter的适配器类，实现其中的一些函数，如getView（int position）等。

（3）为GridView设置适配器。使用setAdapter(ListAdapter adapter)方法实现。

（4）为GridView设置监听器。使用setOnItemClickListener(OnItemClickListener listener)设置。

实例 3-7　使用GridView显示设备中的应用。具体的操作步骤如下：

（1）创建Android项目，项目名为GridViewDemo。

（2）打开activity_main.xml文件，实现对GridView组件的创建及设置。代码如下：

```xml
<LinearLayout xmlns:android="http://schemas.android.com/apk/res/
android"
    android:orientation="vertical"
    android:layout_width="fill_parent"
    android:layout_height="fill_parent">
<GridView
    android:id="@+id/grid"
    android:layout_width="match_parent"
    android:layout_height="match_parent"
    android:padding="10dp"
    android:verticalSpacing="10dp"
    android:horizontalSpacing="10dp"
    android:numColumns="auto_fit"
    android:columnWidth="60dp"
    android:stretchMode="columnWidth"
    android:gravity="center"/>
</LinearLayout>
```

（3）创建一个继承自BaseAdapter的Java类文件，名为MyAdapter。

（4）在MyAdapter中实现对其中一些函数的实现。代码如下：

```java
package com.example.gridviewdemo;
import android.content.Context;
import android.content.pm.ResolveInfo;
import android.view.View;
import android.view.ViewGroup;
import android.widget.*;
import java.util.List;
public class MyAdapter extends BaseAdapter {
    Context context;
    List<ResolveInfo> apps;
    public MyAdapter(Context ctx, List<ResolveInfo> apps)
    {
        this.context=ctx;
        this.apps=apps;
    }
    @Override
    public int getCount()
    {
        return apps.size();                 //获取个数
    }
```

```
        @Override
        public Object getItem(int position)
        {
            return apps.get(position);        //获取该位置的Item
        }
        @Override
        public long getItemId(int position)
        {
            return position;                  //获取Item的位置
        }
        @Override
        public View getView(int position, View convertView,
ViewGroup parent)
        {
            ImageView imageView;
            if (convertView==null)
            {
                imageView=(ImageView) new ImageView(context);
//实例化图片视图
                imageView.setScaleType(ImageView.ScaleType.FIT_
CENTER);//设置尺度模式，缩放以处于中间
                imageView.setLayoutParams(new GridView.
LayoutParams(200, 200));                //设置布局参数
            }
            else
            {
                imageView=(ImageView) convertView;
            }
            ResolveInfo info=apps.get(position);
//为ImageView设置背景图片
            imageView.setImageDrawable(info.activityInfo.
loadIcon(context.getPackageManager()));
            return imageView;
        }
    }
```

（5）打开MainActivity文件，实现对网格视图的监听。代码如下：

```
package com.example.gridviewdemo;
import androidx.appcompat.app.AppCompatActivity;
import android.content.Intent;
import android.os.Bundle;
```

```java
import android.content.pm.ResolveInfo;
import android.view.View;
import android.widget.*;
import java.util.*;
import android.widget.AdapterView.OnItemClickListener;
public class MainActivity extends AppCompatActivity {
    private GridView grid;
    private List<ResolveInfo> apps;
    private MyAdapter adapter;
    @Override
    protected void onCreate(Bundle savedInstanceState) {
        super.onCreate(savedInstanceState);
        setContentView(R.layout.activity_main);
        apps=queryApps();
        grid=(GridView) findViewById(R.id.grid);
        adapter=new MyAdapter(this, apps);
        grid.setAdapter(adapter);
        //实现对监听器的设置
        grid.setOnItemClickListener(new OnItemClickListener()
        {
            @Override
            public void onItemClick(AdapterView<?> parent, View
                                    view, int position, long id){
                ResolveInfo info=apps.get(position);
                String name=info.activityInfo.loadLabel(
                        getPackageManager()).toString();
                Toast.makeText(getBaseContext(), name, Toast.
                        LENGTH_LONG).show();
            }
        });
    }
    private List<ResolveInfo> queryApps() {
        Intent mainIntent=new Intent(Intent.ACTION_MAIN, null);
        mainIntent.addCategory(Intent.CATEGORY_LAUNCHER);
        apps=getPackageManager().queryIntentActivities(mainInten
            t, 0);
        return apps;
    }
}
```

运行程序，初始效果如图 3-14 所示。点击"音乐"图标，会看到如图 3-15 所示的效果。

图 3-14　初始效果

图 3-15　点击"音乐"图标

3.1.13 使用消息提醒——Toast

在 Android 中，Toast 表示一种消息机制，没有焦点，显示一段时间后自动消失。本小节将讲解 Toast 的几种类型。

1. 默认的 Toast

默认 Toast 会将文字显示在屏幕的底部。该 Toast 需要调用 makeText() 方法进行设置，该方法的形式如下：

```
makeText(Context context, CharSequence text, int duration)
```

参数介绍如下。

（1）context：指上下文关系。

（2）text：指要显示的内容。

（3）duration：指持续时间，int 型并不是需要填写整数，而是填写 Toast.LENGTH_LONG（大约 5 秒），表示长时间显示；或填写 Toast.LENGTH_SHORT（大约 3 秒），表示短时间显示。

当然，在调用完这个方法以后，千万别忘记调用 Toast.show()，这样，Toast 才会正常显示出来；如果不调用该 show() 方法，之前的一切就是无用功了。

2. 调整位置显示的 Toast

调用 setGravity() 方法可以调整 Toast 的显示位置，该方法的形式如下：

```
setGravity(int gravity, int xOffset, int yOffset)
```

参数介绍如下。

（1）gravity：设置重力，可供选择的值有 Gravity.CENTER、Gravity.TOP、Gravity.RIGHT 等。

（2）xOffset：设置 X 轴的偏移量。

（3）yOffset：设置 Y 轴的偏移量。

3. 显示图片的Toast

Toast可以显示图片，此时需要调用setView()方法：

```
setView(View view)
```

其中，view是一个被实例化的View。Toast不仅仅可以显示图片，甚至可以显示任何希望显示的视图，如ImageView、TextView、Button或LinearLayout都可以作为参数被Toast显示。

4. 同时显示文字和图片的Toast

此Toast只须创建一个LinearLayout，并在其中包裹一个TextView和一个ImageView就可以了。这里介绍的是一个较为方便些的方法，共需要3个步骤。

（1）新建一个默认的Toast。

（2）通过getView()方法获得该Toast的View，并将之转换为LinearLayout布局。

（3）通过addView(View child, int index)方法将ImageView和TextView分别添加入布局中，这里的第一个参数就是要添加的View，第二个参数是要显示的位置，如设置为0就显示在上方，设置为1就显示在下方。

> 注意：这里的LinearLayout默认是垂直布局的。

制作一个爱好调查页面

制作一个爱好
调查页面

任务描述

（1）在界面中展示一个爱好调查页面，该页面提供3个选项（篮球、绘画、唱歌），供用户选择。

（2）选择爱好后，点击"提交"按钮，展示选择的爱好。

任务实施

1. 创建项目

创建Android项目，项目名为nobbysurevydemo。

2. 修改 activity_main.xml 文件的代码

打开activity_main.xml文件，实现对TextView、CheckBox和Button组件的创建及设置。代码如下：

```
<?xml version="1.0" encoding="utf-8"?>
<LinearLayout xmlns:android="http://schemas.android.com/apk/res/android"
    xmlns:tools="http://schemas.android.com/tools"
    android:layout_width="match_parent"
    android:layout_height="match_parent"
    android:paddingBottom="20dp"
    android:paddingLeft="20dp"
    android:paddingRight="20dp"
    android:paddingTop="20dp"
```

```
    android:orientation="vertical">
    <TextView
        android:layout_width="wrap_content"
        android:layout_height="wrap_content"
        android:textSize="25dp"
        android:text="爱好调查，请选择您的爱好"/>
    <CheckBox
        android:id="@+id/CbBasketball"
        android:textSize="20dp"
        android:layout_width="wrap_content"
        android:layout_height="wrap_content"
        android:text="篮球"/>
    <CheckBox
        android:id="@+id/CbPainting"
        android:textSize="20dp"
        android:layout_width="wrap_content"
        android:layout_height="wrap_content"
        android:text="绘画"/>
    <CheckBox
        android:id="@+id/CbSing"
        android:textSize="20dp"
        android:layout_width="wrap_content"
        android:layout_height="wrap_content"
        android:text="唱歌"/>
    <Button android:text="提交"
        android:background="#ADD8E6"
        android:textSize="30dp"
        android:id="@+id/button"
        android:layout_width="300dp"
        android:layout_height="60dp"/>
    <TextView
        android:id="@+id/TvResult"
        android:textSize="30dp"
        android:layout_width="wrap_content"
        android:layout_height="wrap_content"/>
</LinearLayout>
```

3. 修改 MainActivity 文件的代码

打开 MainActivity 文件，编写代码实现爱好的选择及点击"提交"按钮显示选择的爱好。代码如下：

```
package com.example.hobbysurveydemo;
import androidx.appcompat.app.AppCompatActivity;
import android.os.Bundle;
import android.view.*;
```

```java
import android.widget.*;
import android.widget.CompoundButton.OnCheckedChangeListener;
public class MainActivity extends AppCompatActivity {
    TextView tv;
    CheckBox CbBasketball;
    CheckBox CbPainting;
    CheckBox CbSing;
    @Override
    protected void onCreate(Bundle savedInstanceState) {
        super.onCreate(savedInstanceState);
        setContentView(R.layout.activity_main);
        Button btn=(Button)findViewById(R.id.button);
        CbBasketball=(CheckBox)findViewById(R.id.CbBasketball);
        CbPainting=(CheckBox)findViewById(R.id.CbPainting);
        CbSing=(CheckBox)findViewById(R.id.CbSing);
        tv=(TextView)findViewById(R.id.TvResult);
        setListener();
        tv.setVisibility(View.INVISIBLE);
        btn.setOnClickListener(new View.OnClickListener()
        {
            public void onClick(View arg0)
            {
                tv.setVisibility(View.VISIBLE);
            }
        });
    }
    private void setListener() {
        CbBasketball.setOnCheckedChangeListener(myCheckChangelis
tener);
        CbPainting.setOnCheckedChangeListener(myCheckChangeliste
ner);
        CbSing.setOnCheckedChangeListener(myCheckChangelisten
er);
    }
    OnCheckedChangeListener myCheckChangelistener=new
OnCheckedChangeListener() {
        @Override
        public void onCheckedChanged(CompoundButton buttonView,
boolean isChecked) {
            setText();
        }
    };
    private void setText(){
        String str;
```

```
        tv.setText("");
        if (CbBasketball.isChecked()) {
            str=tv.getText().toString()+CbBasketball.getText().
toString()+",";
            tv.setText(str);
        }
        if (CbPainting.isChecked()) {
            str=tv.getText().toString()+CbPainting.getText().
toString()+",";
            tv.setText(str);
        }
        if (CbSing.isChecked()) {
            str=tv.getText().toString()+CbSing.getText().
toString();
            tv.setText(str);
        }
    }
}
```

运行程序，初始效果如图 3-16 所示。选择爱好后，点击"提交"按钮，显示选择的爱好，如图 3-17 所示。

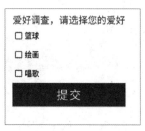

图 3-16　初始效果

图 3-17　显示选择的爱好

使用列表——ListView

ListView 是 Android 的一个列表视图组件，继承自抽象类 AbsListView，该抽象类又继承自 AdapterView 抽象类。它仅作为容器，用于装载和显示数据（列表项）。而容器内的具体数据（列表项）则是由适配器（Adapter）提供的。下面将讲解 ListView 的使用。

1. 创建ListView

创建ListView的代码如下：

```
<ListView
    ......
/>
```

2. 设置ListView

ListView中常用属性见表 3-6。

表 3-6　ListView的常用属性

属性	名称
android:divider	设置List列表项的分隔条，可用颜色分割，也可用图片（Drawable）分割
android:dividerHeight	设置分隔条的高度
android:entries	指定一个数组资源，Android将根据该数组资源来生成ListView
android:footerDividersEnabled	如果设置成false，则不在footer View之前绘制分隔条
android:headerDividersEnabled	如果设置成false，则不在header View之前绘制分隔条

AbsListView中最常使用的属性见表 3-7。

表 3-7　AbsListView的常用属性

属性	功能
android:choiceMode	列表的选择行为
android:fastScrollEnabled	设置是否允许快速滚动
android:scrollingCache	滚动时是否使用缓存
android:transcriptMode	指定列表添加新的选项的时候，是否自动滑动到底部，显示新的选项
android:stackFromBottom	设置是否从底端开始排列列表项

3. 其他

在Java代码中，ListView的使用需要完成以下设置。

（1）使用findViewById(int id)方法得到ListView的对象。

（2）将原始数据转换为适配器需要的数据结构。

（3）新建适配器对象。这里可供选择的方法有很多，可以使用自定义的Adapter，当然很多时候为了简单，我们可以使用SimpleAdapter类。具体构造方法为：

```
SimpleAdapter(Context context,List<? extends Map<String, ?>>
data, int resource, String[] from, int[] to);
```

参数介绍如下。

①context：上下文关系。

②data：数据源，需要的数据结构是一个List<>里面的对象应该继承自Map<Sting,?>。指定其"键"必须是String类型，事实上，"值"我们一般也使用String类型。

③resource：资源Id，也就是每个子项的布局文件。

④from：data数据源中的"键"（key），通过该键可以得到data中需要展示的"值"，也就是value。

⑤to：数据要显示的具体地方。

（4）使用 setAdapter 为 ListView 设置适配器。

制作学生名单
查询页面

制作学生名单查询页面

任务描述

（1）显示一个列表，该列表中包含 3 行内容。

（2）在列表中显示学生的头像及名称。第一行的头像为 image1.jpg，名称为张三；第二行的头像为 image2.jpg，名称为李四；第三行的头像为 image3.jpg，名称为王五。

任务实施

1. 创建项目

创建 Android 项目，项目名为 ListViewDemo。

2. 修改 activity_main.xml 文件的代码

打开 activity_main.xml 文件，实现对 ListView 组件的创建及设置。代码如下：

```
<?xml version="1.0" encoding="utf-8"?>
<LinearLayout xmlns:android="http://schemas.android.com/apk/res/
android"
    android:orientation="vertical"
    android:layout_width="fill_parent"
    android:layout_height="fill_parent">
    <ListView
        android:id="@+id/lv"
        android:layout_width="wrap_content"
        android:layout_height="wrap_content"/>
</LinearLayout>
```

3. 创建 item.xml，编写代码

创建 xml 文件，命名为 item.xml 文件。在此文件中，实现对 ImageView 和 TextView 的创建及设置。代码如下：

```
<?xml version="1.0" encoding="utf-8"?>
<LinearLayout xmlns:android="http://schemas.android.com/apk/res/
android"
    android:orientation="horizontal"
    android:layout_width="fill_parent"
    android:layout_height="fill_parent">
    <ImageView
        android:id="@+id/iv"
        android:layout_width="30dp"
        android:layout_height="30dp"/>
    <TextView
        android:id="@+id/tv"
        android:layout_width="wrap_content"
```

```
        android:layout_height="wrap_content"
        android:textSize="18sp"/>
</LinearLayout>
```

4. 修改 MainActivity 文件的代码

打开 MainActivity 文件，编写代码实现显示学生名单。代码如下：

```java
package com.example.listviewdemo;
import androidx.appcompat.app.AppCompatActivity;
import android.os.Bundle;
import android.widget.ListView;
import android.widget.SimpleAdapter;
import java.util.*;
public class MainActivity extends AppCompatActivity {
    ListView listview;
    @Override
    protected void onCreate(Bundle savedInstanceState) {
        super.onCreate(savedInstanceState);
        setContentView(R.layout.activity_main);
        listview=(ListView)findViewById(R.id.lv);
        SimpleAdapter simpleAdapter=new SimpleAdapter(this,
                                putData(),R.layout.item,
            new String[]{"name","pic"},new int[]{R.id.tv,R.
                                                id.iv});
        listview.setAdapter(simpleAdapter);
    }
    //添加数据
    public List<Map<String,Object>> putData(){
        List<Map<String,Object>> list=new ArrayList<Map<String,
                                Object>>();
        Map<String,Object> map1=new HashMap<String,Object>();
        map1.put("name", "张三");
        map1.put("pic", R.mipmap.image1);
        Map<String,Object> map2=new HashMap<String,Object>();
        map2.put("name", "李四");
        map2.put("pic", R.mipmap.image2);
        Map<String,Object> map3=new HashMap<String,Object>();
        map3.put("name", "王五");
        map3.put("pic", R.mipmap.image3);
        list.add(map1);
        list.add(map2);
        list.add(map3);
        return list;
    }
}
```

运行程序，会看到如图 3-18 所示的效果。

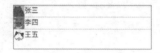

图 3-18 运行效果

 使用菜单——Menu

菜单是许多应用程序不可或缺的一部分，Android 中更是如此，所有搭载 Android 系统的手机甚至都要有一个"Menu"键，按下这个键后弹出一个菜单。下面将讲解这个菜单的产生过程。步骤如下。

（1）重写 onCreateOptionsMenu() 方法，产生其中的选项。在方法中调用 Menu.add(int groupId, int itemId, int order, CharSequence tittleRes)。

（2）在 onCreateOptionsMenu() 中调用 add() 添加菜单项。该方法的具体形式如下：

```
add(int groupId, int itemId, int order, CharSequence tittleRes);
```

参数介绍如下。

① groupId：分组 Id，如果不需分组则填 0。

② itemId：选项的 Id，用来给监听器识别单击的是哪个菜单项。注意，该 Id 不可重复。

③ order：排序信息，用来给菜单项排序，小的在前，大的在后。

④ tittleRes：菜单项的显示信息。

（3）重写 onOptionsItemSelected() 方法，设置菜单项的监听事件。在方法中通过 getItemId() 方法可以获得被单击的菜单项的 Id。

制作仿浏览器中的更多效果

◈ 任务 3-3

制作仿浏览器中的更多效果

任务描述

（1）在工具栏右侧添加"钅"图标，用于弹出菜单。

（2）菜单中包括 7 个菜单项，分别为"编辑模式""修改壁纸""全局搜索""桌面缩略图""桌面效果""系统设置""用户信息"。

（3）点击菜单项，会弹出对应的消息提醒。

任务实施

1. 创建项目

创建 Android 项目，项目名为 MenuDemo。

2. 修改 activity_main.xml 文件的代码

打开 activity_main.xml 文件，实现对 Menu 组件的创建及设置。代码如下：

```
<?xml version="1.0" encoding="utf-8"?>
```

```xml
<androidx.constraintlayout.widget.ConstraintLayout
xmlns:android="http://schemas.android.com/apk/res/android"
    xmlns:app="http://schemas.android.com/apk/res-auto"
    xmlns:tools="http://schemas.android.com/tools"
    android:layout_width="match_parent"
    android:layout_height="match_parent"
    tools:context=".MainActivity">
    <TextView
        android:layout_width="wrap_content"
        android:layout_height="wrap_content"
        android:text="点击右上方的更多按钮，弹出菜单选项"
        app:layout_constraintBottom_toBottomOf="parent"
        app:layout_constraintLeft_toLeftOf="parent"
        app:layout_constraintRight_toRightOf="parent"
        app:layout_constraintTop_toTopOf="parent"/>
</androidx.constraintlayout.widget.ConstraintLayout>
```

3. 修改 MainActivity 文件的代码

打开 MainActivity 文件，编写代码实现菜单的显示及菜单项的响应。代码如下：

```java
package com.example.menudemo;
import androidx.appcompat.app.AppCompatActivity;
import android.os.Bundle;
import android.util.Log;
import android.view.Menu;
import android.view.MenuItem;
import android.widget.Toast;
public class MainActivity extends AppCompatActivity {
    //定义Menu中每个菜单选项的Id
    private final static int Menu_1=Menu.FIRST;
    private final static int Menu_2=Menu.FIRST+1;
    private final static int Menu_3=Menu.FIRST+2;
    private final static int Menu_4=Menu.FIRST+3;
    private final static int Menu_5=Menu.FIRST+4;
    private final static int Menu_6=Menu.FIRST+5;
    private final static int Menu_7=Menu.FIRST+6;
    @Override
    protected void onCreate(Bundle savedInstanceState) {
        super.onCreate(savedInstanceState);
        setContentView(R.layout.activity_main);
    }
    //创建Menu菜单的回调方法
    public boolean onCreateOptionsMenu(Menu m) {
        m. add(0, Menu_1, 0, "编辑模式");
        m. add(0, Menu_2, 0, "修改壁纸");
```

```java
        m. add(0, Menu_3, 0, "全局搜索");
        m. add(0, Menu_4, 0, "桌面缩略图");
        m. add(0, Menu_5, 0, "桌面效果");
        m. add(0, Menu_6, 0, "系统设置");
        m. add(0, Menu_7, 0, "用户信息");
        return super.onCreateOptionsMenu(m);
    }
    //响应菜单项
    public boolean onOptionsItemSelected(MenuItem item) {
        switch (item.getItemId()) {
        case 1:
            Toast.makeText(this, "你点击了编辑模式选项", Toast.
                        LENGTH_SHORT).show();
            break;
        case 2:
            Toast.makeText(this, "你点击了修改壁纸", Toast.LENGTH_
                        SHORT).show();
            break;
        case 3:
            Toast.makeText(this, "你点击了全局搜索", Toast.LENGTH_
                        SHORT).show();
            break;
        case 4:
            Toast.makeText(this, "你点击了桌面缩略图", Toast.LENGTH_
                        SHORT).show();
            break;
        case 5:
            Toast.makeText(this, "你点击了桌面效果", Toast.LENGTH_
                        SHORT).show();
            break;
        case 6:
            Toast.makeText(this, "你点击了系统设置", Toast.LENGTH_
                        SHORT).show();
            break;
        case 7:
            Toast.makeText(this, "你点击了用户信息", Toast.LENGTH_
                        SHORT).show();
            break;
        }
        return super.onOptionsItemSelected(item);
    }
    public void onOptionsMenuClosed(Menu menu) {
        Log.e("onOptionsMenuClosed","用户菜单关闭了");
    }
```

```
public boolean onPrepareOptionsMenu(Menu menu) {
    Log.e("onPrepareOptionsMenu","用户菜单准备好被显示了");
    return true;
}
}
```

运行程序，初始效果如图 3-19 所示。点击"▐"图标，弹出菜单，如图 3-20 所示。选择"桌面缩略图"，弹出消息提醒，如图 3-21 所示。

图 3-19　初始效果

图 3-20　弹出菜单

图 3-21　选择菜单项

3.4　布局

本节将介绍与布局相关的内容，其中包含 2 种创建布局的方式及 Android 提供的一些布局类。

3.4.1　创建布局

本小节将介绍创建布局的 2 种方式，分别为使用 xml 创建布局和使用代码创建布局。

1. 使用 xml 创建布局

使用 xml 创建布局只须要知道对应的布局标签即可，如以下的代码：

```
<?xml version="1.0" encoding="utf-8"?>
<LinearLayout xmlns:android="http://schemas.android.com/apk/res/
android"
    android:orientation="vertical"
    android:layout_width="fill_parent"
    android:layout_height="fill_parent">
    <TextView
```

```
        android:layout_width="wrap_content"
        android:layout_height="wrap_content"
        android:text="Hello World!"/>
</LinearLayout>
```

此代码的功能是创建了一个简单的线性布局，它只包含一个 Widget 组件——TextView。下面对代码进行简单的介绍。

（1）第 1 行：所有的 xml 文件头，指定了版本和编码格式。

（2）第 2—5 行：线性布局的节点及属性。

①第 2 行：xmlns，这是 XML 的命名空间，也就是 xml namespace 的缩写，读者不必关心。

②第 3 行：方向，可以设置为横向或纵向。

③第 4 行：布局的宽度。

④第 5 行：布局的高度。

（3）第 6—9 行：创建和设置 TextView 组件。

（4）第 10 行：结束标签。

> 注意：在 Java 代码中还需要添加以下代码：
>
> ```
> setContentView(R.layout.main);
> ```

只有执行了本代码之后，xml 文件中的设置才能正确显示。

2. 使用代码创建布局

某些时候，使用 XML 创建布局不方便，这个时候可以选择在 Java 代码中完成布局的创建工作。不过，一旦使用 Java 代码进行布局，后期的维护将非常困难。下面以上一节中的布局为例，在 Java 代码中进行创建：

```java
public class MainActivity extends AppCompatActivity {
    @Override
    protected void onCreate(Bundle savedInstanceState) {
        super.onCreate(savedInstanceState);
        TextView tv=new TextView(this);        //创建TextView
        tv.setText("Hello World!");            //设置内容
        tv.setTextSize(50);                    //设置字体大小
        LinearLayout ll=new LinearLayout(this);
                                               //创建线性布局
        ll.setOrientation(LinearLayout.VERTICAL);
                                               //设置方向
        ll.addView(tv);             //将TextView添加到线性布局中
        setContentView(ll);         //显示布局
    }
}
```

所有的组件和布局都在 Java 代码中被动态创建，相信开发者通过程序中的注释自行阅读理解本段代码应该没有问题。

注意：一般使用 xml 创建布局，不推荐使用第二种方式，我们在后面的介绍中也是以第一种创建方式进行讲解的。

3.4.2 使用布局类

Android SDK 为我们提供了 6 个布局类，分别是线性布局（LinearLayout）、绝对布局（AbsoluteLayout）、表格布局（TableLayout）、关系布局（RelativeLayout）、网格布局（GridLayout）、框架布局（FrameLayout）。本小节将逐一讲解这些类的使用。

1. 线性布局（LinearLayout）

线性布局是开发人员在开发中使用最多的一类布局，其作用是将所有的子视图按照横向或纵向有序地排列。创建线性布局的代码如下：

```
<LinearLayout
......
>
    <!--线性布局中包含的组件-->
    ......
</LinearLayout>
```

在对线性布局进行设置时，最常使用的属性为 android:orientation，该属性的作用是指定本线性布局下的子视图排列方向：如果设置为"horizontal"则表示水平，方向为从左向右；若设置为"vertical"则表示垂直，方向为从上向下。

2. 绝对布局（AbsoluteLayout）

绝对布局是指为该布局内的所有子视图指定一个绝对的坐标。这个坐标点以矩形区域的左上角为基准。坐标的形式是 x 轴坐标—y 轴坐标。创建绝对布局的代码如下：

```
<AbsoluteLayout
......
>
    <!--绝对布局中包含的组件-->
    ......
</AbsoluteLayout >
```

3. 表格布局（TableLayout）

表格布局有些类似于我们平时使用的 Excel 表格，它将包含的子视图放在一个个单元格内，布局的行数及列数是可以控制的。使用 TableLayout 可以很方便地构建计算器、拨号器等使用界面。创建表格布局的代码如下：

```
<TableLayout
    ......
>
    <TableRow>
    <!--TableRow中的组件-->
```

```
        ......
    </TableRow>
    <TableRow>
    <!--TableRow中的组件-->
        ......
    </TableRow>
<!--TableRow中的组件-->
......
</TableLayout>
```

从上述代码可以看出，表格布局需要和TableRow配合使用，每一行都由TableRow对象组成，每个TableRow可以有0个或多个单元格，每个单元格就是一个View或一个控件。因此TableRow的数量决定表格的行数。而表格的列数是由TableRow所包含的控件数决定的。如第一个TableRow有2个控件，第二个TableRow有3个控件，那么表格的列数是3。在对表格布局进行设置时，最常使用的属性见表3-8。

表3-8　TableLayout的常用属性

属性	功能
android:shrinkColumns	指定的列为可收缩的列，当需要设置多列为可收缩时，将列序号用逗号隔开
android:stretchColumns	拉伸指定的列，若有多列需要设置为可拉伸，用逗号将需要拉伸的列序号隔开
android:collapscColumns	隐藏指定的列，若有多列需要隐藏，用逗号将需要隐藏的列序号隔开

表格布局控件常用的属性有2个，分别为android:layout_column和android:layout_span。其中，android:layout_column设置该单元格显示位置，android:layout_span设置该单元格占据几行，默认为1行。

4. 关系布局（RelativeLayout）

关系布局可以通过指定视图与其他视图的关系来确定其自身的位置，如位于某视图的上方、下方、左方、右方等；还可以指定它与父布局的关系，如位于父布局的中间，右对齐、左对齐等。这样可以避免使用多重布局，有效地提高了效率。创建关系布局的代码如下：

```
<RelativeLayout
......
>
    <!--关系布局中包含的组件-->
    ......
</RelativeLayout >
```

在对关系布局进行设置时，最常使用的属性见表3-9。

表 3-9 RelativeLayout 的常用属性

属性	功能
android:layout_centerInParent	在父视图的正中心
android:layout_centerHorizontal	在父视图的水平中心线
android:layout_centerVertical	在父视图的垂直中心线
android:layout_alignParentTop	紧贴父视图顶部
android:layout_alignParentBottom	紧贴父视图底部
android:layout_alignParentLeft	紧贴父视图左部
android:layout_alignParentRight	紧贴父视图右部
android:layout_alignTop	与指定视图顶部对齐
android:layout_alignBottom	与指定视图底部对齐
android:layout_alignLeft	与指定视图左部对齐
android:layout_alignRight	与指定视图右部对齐
android:layout_above	在指定视图上方
android:layout_below	在指定视图下方
android:layout_toLeft	在指定视图左方
android:layout_toRight	在指定视图右方

5. 网格布局（GridLayout）

网格布局是 Android 4.0 后来新增的一个布局，在表格布局的基础上新增了 2 个内容：可以设置容器中组件的对齐方式；容器中的组件可以跨多行，也可以跨多列。创建网格布局的代码如下：

```
<GridLayout
......
>
    <!--网格布局中包含的组件-->
    ......
</GridLayout>
```

在网格布局中最常使用的属性见表 3-10。

表 3-10 GridLayout 的常用属性

属性	功能
android:columnCount	最大列数
android:rowCount	最大行数

属性	功能
android:orientation	GridLayout 中子元素的布局方向
android:columnOrderPreserved	使列边界显示的顺序和列索引的顺序相同，默认是 true
android:rowOrderPreserved	使行边界显示的顺序和行索引的顺序相同，默认是 true
android:useDefaultMargins	没有指定视图的布局参数时使用默认的边距，默认值是 false

网格中包含组件常见的属性见表 3-11。

表 3-11　网格中包含组件常见的属性

属性	功能
android:layout_column	指定该单元格在第几列显示
android:layout_row	指定该单元格在第几行显示
android:layout_columnSpan	指定该单元格占据的列数
android:layout_rowSpan	指定该单元格占据的行数
android:layout_gravity	指定该单元格在容器中的位置
android:layout_columnWeight	列权重
android:layout_rowWeight	行权重

6. 框架布局（FrameLayout）

框架布局直接在屏幕上开辟出一块空白的区域，添加到该区域的控件会默认位于这块区域的左上角，而这种布局却没有任何的定位方式，所以应用的场景并不多。框架布局的大小由控件中最大的子控件决定，如果控件的大小一样，那么同一时刻就只能看到最上面的那个组件，这是因为后续添加的控件会覆盖前一个。创建框架布局的代码如下：

```
<FrameLayout
……
>
    <!--框架布局中包含的组件-->
    ……
</FrameLayout>
```

在框架布局中常使用到 2 个属性，分别为 android:foreground 和 android:foregroundGravity。这 2 个属性的介绍如下。

（1）android:foreground：改变框架布局容器的前景图像。

（2）android:foregroundGravity：设置前景图像显示的位置。

制作一个
商城专区

任务 3-4

制作一个商城专区

任务描述

（1）将屏幕分为 6 个的区域，第一行有 2 个区域，第二行有 3 个区域，第三行有 1 个区域。第一行的 2 个区域分别为男装区和童装区；第二行的 3 个区域分别为休闲装区、运动装区和针织衫区；第三行的 1 个区域为女装区。

（2）在区域中填入相应的内容，即第一行的 2 个区域分别填入男装和童装；第二行的 3 个区域分别填入休闲装、运动装和针织衫；第三行的 1 个区域填入女装。

任务实施

1. 创建项目

创建 Android 项目，项目名为 MallAreaDemo。

2. 修改 activity_main.xml 文件的代码

打开 activity_main.xml 文件，进行布局，实现商城专区的效果，代码如下：

```xml
<?xml version="1.0" encoding="utf-8"?>
<GridLayout xmlns:android="http://schemas.android.com/apk/res/
android"
    xmlns:tools="http://schemas.android.com/tools"
    android:layout_width="match_parent"
    android:layout_height="match_parent"
    android:paddingBottom="30dp"
    android:paddingLeft="30dp"
    android:paddingRight="30dp"
    android:paddingTop="30dp"
    android:columnCount="4">
    <TextView
        android:layout_width="150dp"
        android:layout_height="60dp"
        android:layout_columnSpan="2"
        android:layout_gravity="left"
        android:background="#BBFFFF"
        android:gravity="center"
        android:text="男装"
        android:width="50dp"/>
    <TextView
        android:layout_width="150dp"
        android:layout_height="60dp"
        android:layout_columnSpan="2"
        android:background="#DA70D6"
        android:gravity="center"
        android:text=" 童装 "
        android:width="50dp"/>
```

```
    <TextView
        android:layout_width="75dp"
        android:layout_height="60dp"
        android:layout_gravity="top"
        android:background="#FFEBCD"
        android:gravity="center"
        android:text=" 休闲装 "
        android:width="25dp"/>
    <TextView
        android:layout_width="150dp"
        android:layout_height="60dp"
        android:layout_columnSpan="2"
        android:background="#6495ED"
        android:gravity="center"
        android:text=" 运动装 "
        android:width="50dp"/>
    <TextView
        android:layout_width="75dp"
        android:layout_height="60dp"
        android:background="#00FFFF"
        android:gravity="center"
        android:text=" 针织衫 "
        android:width="25dp"/>
    <TextView
        android:layout_width="300dp"
        android:layout_height="120dp"
        android:layout_columnSpan="4"
        android:background="#FF0000"
        android:gravity="center"
        android:text=" 女装 "
        android:width="25dp"/>
</GridLayout>
```

运行程序，会看到如图 3-22 所示的效果。

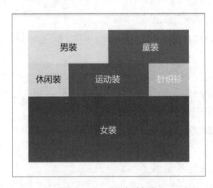

图 3-22　运行效果

制作一个简易计算器

制作一个简易
计算器

任务描述

（1）显示一个简单的计算器界面，在此界面中从上到下依次是1个文本框控件、4个按钮控件（＋、÷、×和－）、一个文本框控件、1个按钮控件（＝）和1个文本视图控件（显示最终的计算结果）。

（2）输入数字，点击运算法则按钮，再点击等于按钮，显示计算结果。

任务实施

1. 创建项目

创建 Android 项目，项目名为 CalculatorDemo。

2. 修改 activity_main.xml 文件的代码

打开 activity_main.xml 文件，实现界面的布局，即对 LinearLayout、EditText、Button、TextView 组件进行创建及设置。代码如下：

```xml
<?xml version="1.0" encoding="utf-8"?>
<LinearLayout xmlns:android="http://schemas.android.com/apk/res/
android"
    android:orientation="vertical"
    android:layout_width="fill_parent"
    android:layout_height="fill_parent"
    android:paddingBottom="20dp"
    android:paddingLeft="20dp"
    android:paddingRight="20dp"
    android:paddingTop="20dp">
    <EditText
        android:id="@+id/et1"
        android:layout_width="fill_parent"
        android:layout_height="wrap_content"
        android:paddingTop="10px"
        android:textSize="26sp"
        android:text="3"/>
    <LinearLayout
        android:orientation="horizontal"
        android:layout_width="wrap_content"
        android:layout_height="wrap_content">
        <Button
            android:id="@+id/btn_plus"
            android:background="#666666"
            android:textColor="#FFFFFF"
            android:textSize="26sp"
            android:text="+"
            android:layout_width="match_parent"
```

```xml
                android:layout_height="wrap_content"/>
            <Button
                android:id="@+id/btn_devide"
                android:background="#666666"
                android:textColor="#FFFFFF"
                android:textSize="26sp"
                android:text=" ÷ "
                android:layout_width="match_parent"
                android:layout_height="wrap_content"/>
            <Button
                android:id="@+id/btn_multiply"
                android:background="#666666"
                android:textColor="#FFFFFF"
                android:textSize="26sp"
                android:text=" × "
                android:layout_width="match_parent"
                android:layout_height="wrap_content"/>
            <Button
                android:id="@+id/btn_minus"
                android:background="#666666"
                android:textColor="#FFFFFF"
                android:textSize="26sp"
                android:text="-"
                android:layout_width="match_parent"
                android:layout_height="wrap_content"/>
        </LinearLayout>
        <EditText
            android:id="@+id/et2"
            android:layout_width="fill_parent"
            android:layout_height="wrap_content"
            android:textSize="26sp"
            android:paddingTop="10px"
            android:text="3"/>
        <Button
            android:id="@+id/btn"
            android:layout_width="330dp"
            android:layout_height="wrap_content"
            android:textSize="26sp"
            android:text="="/>
        <TextView
            android:id="@+id/tv2"
            android:layout_width="300dp"
            android:layout_height="wrap_content"
            android:textSize="40sp"
```

```
                android:text=""/>
</LinearLayout>
```

3. 修改 MainActivity 文件的代码

打开 MainActivity 文件，编写代码计算器的计算功能。代码如下：

```
package com.example.calculatordemo;
import androidx.appcompat.app.AppCompatActivity;
import android.os.Bundle;
import android.view.View;
import android.widget.*;
public class MainActivity extends AppCompatActivity {
    @Override
    protected void onCreate(Bundle savedInstanceState) {
        super.onCreate(savedInstanceState);
        setContentView(R.layout.activity_main);
        TextView result=(TextView) findViewById(R.id.tv2);
        EditText et1=(EditText) findViewById(R.id.et1);
        EditText et2=(EditText) findViewById(R.id.et2);
        Button btnplus=(Button) findViewById(R.id.btn_plus);
        Button btndevide=(Button) findViewById(R.id.btn_devide);
        Button btnmultiply=(Button) findViewById(R.id.btn_
                                            multiply);
        Button btnminus=(Button) findViewById(R.id.btn_minus);
        Button btn=(Button) findViewById(R.id.btn);
        result.setVisibility(View.INVISIBLE);
        btnplus.setOnClickListener(new View.OnClickListener()
        {
            @Override
            public void onClick(View arg0)
            {
                result.setText("");
                int arg1=Integer.parseInt(et1.getText().
                                        toString());
                int arg2=Integer.parseInt(et2.getText().
                                        toString());
                int answer=arg1+arg2;
                result.append(String.valueOf(answer));
            }
        });
        btndevide.setOnClickListener(new View.OnClickListener()
        {
            @Override
            public void onClick(View arg0)
            {
```

```
                result.setText("");
                int arg1=Integer.parseInt(et1.getText().
                                        toString());
                int arg2=Integer.parseInt(et2.getText().
                                        toString());
                int answer=arg1/arg2;
                result.append(String.valueOf(answer));
            }
        });
        btnmultiply.setOnClickListener(new View.
                                    OnClickListener()
        {
            @Override
            public void onClick(View arg0)
            {
                result.setText("");
                int arg1=Integer.parseInt(et1.getText().
                                        toString());
                int arg2=Integer.parseInt(et2.getText().
                                        toString());
                int answer=arg1*arg2;
                result.append(String.valueOf(answer));
            }
        });
        btnminus.setOnClickListener(new View.OnClickListener()
        {
            @Override
            public void onClick(View arg0)
            {
                result.setText("");
                int arg1=Integer.parseInt(et1.getText().
                                        toString());
                int arg2=Integer.parseInt(et2.getText().
                                        toString());
                int answer=arg1-arg2;
                result.append(String.valueOf(answer));
            }
        });
        btn.setOnClickListener(new View.OnClickListener()
        {
            @Override
            public void onClick(View arg0)
            {
                result.setVisibility(View.VISIBLE);
```

```
            }
        });
    }
}
```

运行程序，初始效果如图 3-23 所示。此时文本框控件中有默认的值，点击 "+" 按钮会实现加法运算，点击 "=" 按钮会显示结果，如图 3-24 所示。点击 "÷" 按钮会实现除法运算，点击 "×" 按钮会实现乘法运算，点击 "–" 按钮会实现减法运算。

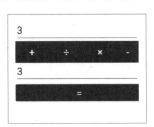

图 3-23　初始效果

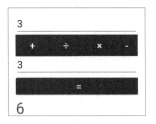

图 3-24　显示结果

注意：如果不想使用默认的数值，还可以点击文本框，然后进行输入。

知识拓展

1. 绝对布局不推荐使用

绝对布局精确地指定每一个坐标的位置，可以很准确地得到开发者希望得到的最终界面。但实际上，绝对视图在真正的开发中是很少使用的，这是因为它的可移植性差，而开发过程中，需要针对不同的硬件需要，修改相应的参数。所以官方给出的建议是在开发中尽量不要使用绝对布局，而选择使用其他的布局方式取得相同的效果。

2. 框架布局中改变控件的位置

在框架布局中虽然默认会将控件放置在左上角，但是可以通过 layout_gravity 属性，将控件指定到其他的位置。

本章习题

一、填空题

1. 在 Android Studio 中，Activity 默认继承自_____。

2. Android 中的 android.widget 包中的组件都是继承于_____类。

二、选择题

1. 下列用于设置 TextView 中文本显示内容的选项是（   ）。

A. android:textSize="18"   B. android:Text="Hello"

C. android:textSize="18sp"   D. android:text="Hello"

2. 当使用 EditText 控件时，能够使文本框设置为多行显示的属性是（   ）。

A. android:lines   B. android:layout_height

C. android:textcolor   D. android:textsize

三、判断题

1. 当指定 RadioButton 按钮的 android:checked 属性为 true 时，表示未选中状态。   （   ）

2. Toast 是 Android 系统提供的轻量级信息提醒机制，用于向用户提示即时消息。   （   ）

四、操作题

使用拖动条设置文本视图中的字体大小。

第 4 章

Android 活动简介

活动（Activity）是 Android 的四大组件之一，它是承载用户界面的容器。在 App 里面看到的页面就需要一个 Activity，页面之间的跳转就是 Activity 之间的跳转。本章将详细对 Activity 进行介绍。

1. 活动 (Activity)

活动是一种可以包含用户界面的组件，常用于人机界面的交互，也就是用户能看见的那些界面。活动可以是嵌套的，即一个活动可以包含多个活动。同时，一个应用程序可以包含活动，也可以不包含活动。例如，银联安全服务应用程序没有界面，也就不包含活动。

2. Activity 体系

在前面章节的代码中我们会看到 MainActivity 文件中的 MainActivity 继承自 AppCompatActivity，并没有看到 Activity，这是因为 MainActivity 间接继承自 Activity，Activity 是所有其他 Activity 的基类。Activity 的体系结构图如图 4-1 所示。图中向上的箭头表示继承，实线箭头表示直接继承、虚线箭头表示间接继承。

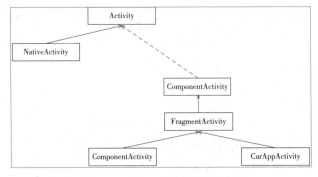

图 4-1　Activity 的体系结构图

FragmentActivity 提供了使用 Fragment 的能力。AppCompatActivity 基于 FragmentActivity 为 ActionBar 提供功能。

4.1　Activity 的创建与注册

本节将讲解如何创建和注册 Activity。

4.1.1 创建 Activity

本小节将介绍 2 种创建 Activity 的方式，分别为创建项目时自动创建 Activity 和用户手动创建 Activity。

1. 创建项目时自动创建 Activity

第 1 章介绍的创建第一个 Android 项目的方式就属于此类。在选择"Empty Activity"后，会创建一个默认的 Activity 即 MainActivity，该文件中的代码如下：

```
package com.example.myapplication;
import androidx.appcompat.app.AppCompatActivity;
import android.os.Bundle;
public class MainActivity extends AppCompatActivity {
    @Override
    protected void onCreate(Bundle savedInstanceState) {
        super.onCreate(savedInstanceState);
        setContentView(R.layout.activity_main);
    }
}
```

2. 手动创建 Activity

如果在创建的项目中还想再添加一个 Activity，可以通过以下的步骤进行添加。

（1）右击项目，弹出菜单，在菜单中选择"New|Activity|Empty Activity"命令。

> 注意：Activity 中提供了 13 种类型，分别为 Android TV Blank Activity、Basic Activity、Bottom Navigation Activity、Empty Activity、Fragment+ViewModel、Fullscreen Activity、Login Activity、Navigation Drawer Activity、Primary/Detail Flow、Responsive Activity、Scrolling Activity、Settings Activity、Tabbed Activity。

（2）弹出"New Android Activity"对话框，如图 4-2 所示。在此对话框中输入"Activity Name"，这里默认为"MainActivity2"。如果不希望生成布局文件，可以不选"Generate a Layout File"复选框，这里选择的都是默认值。

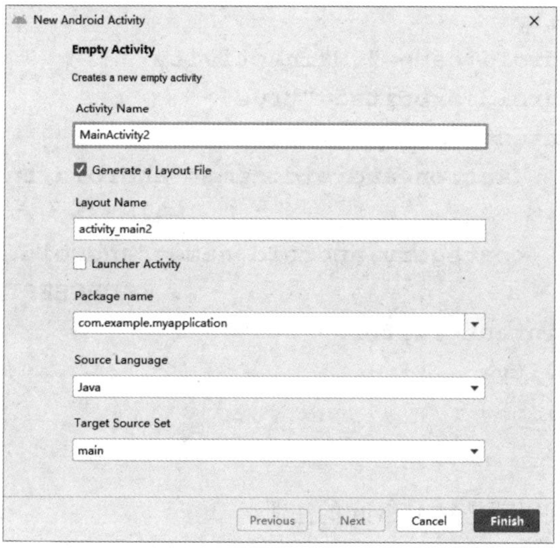

图 4-2　"New Android Activity"对话框

（3）此对话框中的所有值设置完成后，点击"Finish"按钮，完成对 Activity 的创建。新生成的 Activity 的名称为 MainActivity2，对应文件保存在 java 文件夹中，代码如下：

```
package com.example.myapplication;
import androidx.appcompat.app.AppCompatActivity;
import android.os.Bundle;
public class MainActivity2 extends AppCompatActivity {
    @Override
    protected void onCreate(Bundle savedInstanceState) {
        super.onCreate(savedInstanceState);
        setContentView(R.layout.activity_main2);
    }
}
```

（4）在"res\layout"下会生成一个新的布局文件，名称为 activity_main2.xml。

4.1.2 注册 Activity

使用 Activity 前需要在 AndroidManifst.xml 文件中进行注册。该文件中的代码如下：

```
<?xml version="1.0" encoding="utf-8"?>
<manifest xmlns:android="http://schemas.android.com/apk/res/
android"
    package="com.example.myapplication">
    <application
        android:allowBackup="true"
        android:icon="@mipmap/ic_launcher"
        android:label="@string/app_name"
        android:roundIcon="@mipmap/ic_launcher_round"
        android:supportsRtl="true"
        android:theme="@style/Theme.MyApplication">
        <activity
            android:name=".MainActivity"
            android:exported="true">
            <intent-filter>
                <action android:name="android.intent.action.
                                MAIN"/>
                <category android:name="android.intent.category.
                                LAUNCHER"/>
            </intent-filter>
        </activity>
    </application>
</manifest>
```

在此代码中加粗的代码就是对 Activity 的注册。

注意：使用 4.1 节的 2 种方式创建的 Activity 默认都已完成了注册。

 Activity 的生命周期

Activity 包含了 7 个生命周期方法，覆盖了 Activity 生命周期的每一个环节，如图 4-3 所示。

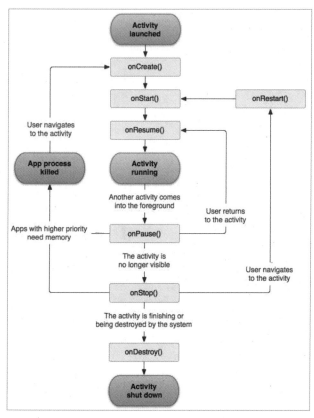

图 4-3　生命周期

7 个生命周期方法的介绍如下。

（1）onCreate()：每个活动中都重写了这个方法，它会在活动第一次被创建的时候调用。在这个方法中完成活动的初始化操作，如加载布局、绑定事件等。

（2）onStart()：活动由不可见变为可见的时候调用这个方法。

（3）onResume()：在活动准备好和用户进行交互的时候调用这个方法。此时的活动一定位于返回栈的栈顶，并且处于运行状态。

（4）onPause()：在系统准备去启动或恢复另一个活动的时候调用这个方法。通常会在这个方法中将一些消耗 CPU 的资源释放掉，并保存一些关键数据。但这个方法的执行速度一定要快，不然会影响到新的栈顶活动的使用。

（5）onStop()：在活动完全不可见的时候调用这个方法。它和 onPause() 方法的主要区别在于，如果启动的新活动是一个对话框式的活动，那么 onPause() 方法会得到执行，而 onStop() 方法并不会执行。

（6）onDestroy()：在活动被销毁之前调用这个方法，之后活动的状态将变为销毁状态。

（7）onRestart()：在活动由停止状态变为运行状态之前调用这个方法，也就是活动被重新启动了。

监听生命周期

任务描述

（1）调用Activity的7个生命周期方法。

（2）使用Log.d()方法输出日志信息，即在不同的Activity状态输出调用的方法。

任务实施

1. 创建项目

创建Android项目，项目名为MonitorLifeCycle。

2. 修改 MainActivity 文件的代码

打开MainActivity文件，编写代码实现生命周期方法的监听。代码如下：

```
package com.example.monitorlifecycle;
import androidx.appcompat.app.AppCompatActivity;
import android.os.Bundle;
import android.util.Log;
public class MainActivity extends AppCompatActivity {
    String msg="Android:";
    @Override
    protected void onCreate(Bundle savedInstanceState) {
        super.onCreate(savedInstanceState);
        setContentView(R.layout.activity_main);
        Log.d(msg, "The onCreate() event");
    }
    @Override
    protected void onStart() {
        super.onStart();
        Log.d(msg, "The onStart() event");
    }
    //当活动可见时调用
    @Override
    protected void onResume() {
        super.onResume();
        Log.d(msg, "The onResume() event");
    }
    //当其他活动获得焦点时调用
    @Override
    protected void onPause() {
```

```
        super.onPause();
        Log.d(msg, "The onPause() event");
    }
    //当活动不再可见时调用
    @Override
    protected void onStop() {
        super.onStop();
        Log.d(msg, "The onStop() event");
    }
    //当活动将被销毁时调用
    @Override
    public void onDestroy() {
        super.onDestroy();
        Log.d(msg, "The onDestroy() event");
    }
    @Override
    public void onRestart() {
        super.onRestart();
        Log.d(msg, "The onRestart() event");
    }
}
```

点击运行按钮，一直到打开应用程序，会在Logcat面板中输出以下内容：

```
Android:: The onCreate() event
Android:: The onStart() event
Android:: The onResume() event
```

点击模拟器上的"◁"图标，会在Logcat面板中输出以下内容：

```
Android:: The onStop() event
Android:: The onDestroy() event
```

 4.3 使用 Intent

意图（Intent）被用来连接各个 Activity，也被用来在各个 Activity 中传递数据。本节将介绍使用 Intent 实现 Activity 的跳转及数据传递。

1. 实现 Activity 的跳转

使用 Intent 完成 Activity 的跳转只须以下 2 个步骤。

（1）使用如下构造方法创建 Intent。

```
Intent(Context packageContext, Class<?> cls)
```

也可以先构造一个未指向的Intent，然后通过调用setClass()方法指定跳转的Activity，该方法的使用如下：

```
setClass(Context packageContext, Class<?> cls)
```

（2）创建完成后，可以使用startActivity()方法调用Intent以完成跳转，该方法的使用如下：

```
startActivity(Intent intent)
```

如果希望下一个Activity返回结果至本Activity，则调用startActivityForResult()方法，该方法的使用如下：

```
startActivityForResult(Intent intent, int requestCode)
```

2. 传递数据

此功能的实现需要完成以下2个步骤。

（1）在起始Activity中使用putExtra()方法存入需要传递的数据，该方法的使用如下：

```
putExtra(String name, String value)
```

（2）在目标Activity中使用getExtras()方法取出Intent中携带的数据。通过该方法可以得到一个Bundle对象，该对象中就包含Intent携带的数据了。可以使用getString()方法通过key参数得到该key所对应的值，而这个值就是最终需要的数据。

会员注册

任务 4-2

会员注册

任务描述

（1）显示2个页面，一个是会员中心界面，一个是注册页面。

（2）在注册页面实现会员注册。

（3）注册完成后，返回到会员中心，此时在会员中心中会显示注册的内容。

任务实施

1. 创建项目

创建Android项目，项目名为SignUpDemo。

2. 修改 activity_main.xml 文件的代码

打开activity_main.xml文件，实现对会员中心页面的布局。代码如下：

```xml
<?xml version="1.0" encoding="utf-8"?>
<LinearLayout xmlns:android="http://schemas.android.com/apk/res/
android"
    android:orientation="vertical"
    android:layout_width="fill_parent"
    android:layout_height="fill_parent">
    <TextView
        android:layout_width="fill_parent"
        android:layout_height="wrap_content"
```

```
            android:text="会员中心"
            android:textStyle="bold"
            android:gravity="center"
            android:textSize="30sp"/>
    <TextView
            android:id="@+id/show"
            android:layout_width="fill_parent"
            android:layout_height="wrap_content"
            android:text=""
            android:textSize="25sp"/>
    <Button
            android:id="@+id/btn0"
            android:layout_width="360dp"
            android:layout_height="wrap_content"
            android:text="前往注册页面注册"/>
</LinearLayout>
```

3. 修改 MainActivity 文件的代码

打开 MainActivity 文件，编写代码实现点击按钮前往注册页面以及注册完成后显示注册内容的效果。代码如下：

```
package com.example.signupdemo;
import androidx.appcompat.app.AppCompatActivity;
import android.content.Intent;
import android.os.Bundle;
import android.view.View;
import android.widget.*;
public class MainActivity extends AppCompatActivity {
    static final int REQUEST_CODE=0;
    TextView show;
    @Override
    protected void onCreate(Bundle savedInstanceState) {
        super.onCreate(savedInstanceState);
        setContentView(R.layout.activity_main);
        show=(TextView) findViewById(R.id.show);
        Button btn1=(Button) findViewById(R.id.btn0);
        btn1.setOnClickListener(new View.OnClickListener()
        {
            @Override
            public void onClick(View arg0)
            {
                Intent i=new Intent(getBaseContext(),SignUpActiv
                        ity.class); //创建 Intent
                startActivityForResult(i, REQUEST_CODE);
    //开始跳转
```

```
            }
        });
    }
    //重写onActivityResult()方法，在方法中处理返回结果
    @Override
    protected void onActivityResult(int requestCode, int
resultCode, Intent data)
    {
        //判断请求码是否正确
        if (requestCode==REQUEST_CODE)
        {
            //判断结果码是否正常
            if (resultCode==RESULT_OK)
            {
                Bundle bundle=data.getExtras();
                              //取得保存有数据的bundle对象
                String name=bundle.getString("name");
                              //得到name值
                String age=bundle.getString("age");
                          //得到sex值
                String sex =bundle.getString("sex");
                          //得到age值
                show.setText("您的信息如下：\n"+"姓名 ："+name+"\n性
                          别 ："+sex+"\n年龄 ："+age);
            }
        }
        super.onActivityResult(requestCode, resultCode, data);
    }
}
```

4. 创新 Activity

创建一个 Empty Activity 模式的 Activity，命名为 "SignUpActivity"。

5. 修改 activity_sign_up.xml 文件的代码

打开 activity_sign_up.xml 文件，实现对注册页面的布局。代码如下：

```xml
<?xml version="1.0" encoding="utf-8"?>
<TableLayout xmlns:android="http://schemas.android.com/apk/res/
android"
    android:orientation="vertical"
    android:layout_width="fill_parent"
    android:layout_height="fill_parent">
    <TextView
        android:layout_width="fill_parent"
        android:layout_height="wrap_content"
        android:text="注册页面"
```

```xml
                android:gravity="center"
                android:textStyle="bold"
                android:textSize="30sp"/>
        <TableRow
                android:orientation="horizontal"
                android:layout_width="fill_parent"
                android:layout_height="wrap_content">
            <TextView
                    android:layout_width="fill_parent"
                    android:layout_height="wrap_content"
                    android:text="姓名 "
                    android:textSize="18sp"/>
            <EditText
                    android:id="@+id/name"
                    android:layout_width="200dp"
                    android:layout_height="wrap_content"
                    android:text="张三 "/>
        </TableRow>
        <TableRow
                android:orientation="horizontal"
                android:layout_width="fill_parent"
                android:layout_height="wrap_content">
            <TextView
                    android:layout_width="fill_parent"
                    android:layout_height="wrap_content"
                    android:text="性别 "
                    android:textSize="18sp"/>
            <EditText
                    android:id="@+id/sex"
                    android:layout_width="200dp"
                    android:layout_height="wrap_content"
                    android:text="男 "/>
        </TableRow>
        <TableRow
                android:orientation="horizontal"
                android:layout_width="fill_parent"
                android:layout_height="wrap_content">
            <TextView
                    android:layout_width="fill_parent"
                    android:layout_height="wrap_content"
                    android:text="年龄 "
                    android:textSize="18sp"/>
            <EditText
                    android:id="@+id/age"
```

```
            android:layout_width="200dp"
            android:layout_height="wrap_content"
            android:text="20"/>
    </TableRow>
    <Button
        android:id="@+id/btn1"
        android:layout_width="wrap_content"
        android:layout_height="wrap_content"
        android:text=" 确定 "/>
</TableLayout>
```

6. 修改 SignUpActivity 文件的代码

打开 SignUpActivity 文件，编写代码实现会员的注册及点击按钮返回会员中心的效果。代码如下：

```
package com.example.signupdemo;
import androidx.appcompat.app.AppCompatActivity;
import android.content.Intent;
import android.os.Bundle;
import android.view.View;
import android.widget.*;
public class SignUpActivity extends AppCompatActivity {
    @Override
    protected void onCreate(Bundle savedInstanceState) {
        super.onCreate(savedInstanceState);
        setContentView(R.layout.activity_sign_up);
        EditText name_in=(EditText)findViewById(R.id.name);
        EditText age_in=(EditText)findViewById(R.id.age);
        EditText sex_in=(EditText)findViewById(R.id.sex);
        final String name=name_in.getText().toString();
        final String age=age_in.getText().toString();
        final String sex=sex_in.getText().toString();
        Button btn=(Button)findViewById(R.id.btn1);
        btn.setOnClickListener(new View.OnClickListener()
        {
            @Override
            public void onClick(View arg0)
            {
                Intent i=new Intent();          //新建 Intent
                Bundle bundle=new Bundle();
                                    //新建 Bundle 对象用以保存数据
//将数据保存到 Bundle 中
                bundle.putString("name",name);
                bundle.putString("age",age);
                bundle.putString("sex",sex);
```

```
i. putExtras(bundle);                       //将Bundle与Intent绑定
            setResult(RESULT_OK,i); //将Intent设置到结果中
            finish();                //结束本Activity
        }
    });
}
}
```

运行程序，初始效果如图 4-4 所示。点击"前往注册页面注册"按钮，进入注册页面，如图 4-5 所示，此时显示默认会员，开发者也可以进行修改，完成后，点击"确定"按钮，返回会员中心，如图 4-6 所示。

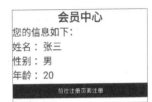

图 4-4 初始效果   图 4-5 注册页面   图 4-6 会员中心

知识拓展

1. 返回栈

Android 是用任务（Task）来管理活动的，每个任务就是一个栈里所有活动的集合，这个栈一般被称为返回栈（Back Stack）。默认情况下，每当启动新的活动，它就会入栈，也就是处于栈顶（栈是后进先出的数据结构），当按下返回键时或是调用 finish() 方法时，位于栈顶的活动会出栈，这时处于原栈顶活动下的活动就会成为栈顶，并且系统总是显示栈顶的活动给用户。

2. 活动状态

每个活动在其生命周期中最多可能会经历 4 种状态，分别为运行状态、暂停状态、停止状态和销毁状态。介绍如下：

（1）运行状态。处于栈顶的活动就处于运行状态，因为系统总是将栈顶活动显示给用户，当然系统也最不愿意回收这种状态下的活动。

（2）暂停状态。当一个活动不处于栈顶但是又可见时，这个活动就处于暂停状态。处于暂停状态的活动仍然是完全存活着的，系统也不愿意回收这种活动，只有在内存极低的情况下，系统才会考虑回收这种活动。

（3）停止状态。当一个活动不再处于栈顶位置，并且完全不可见的时候，这个活动就进入了停止状态。虽然系统会为这类活动保存相应的状态和成员变量，但是这是不可靠的，一旦有其他地方需要内存，系统便会回收这类状态的活动。

（4）销毁状态。当一个活动出栈时，这个活动就被销毁了。系统最倾向于回收这类状态的

活动，从而来保证内存充足。

3. 使用调试监听生命周期

除了使用Log.d()的方式对生命周期进行监听外，还可以通过调试的方式进行监听。以下是具体的操作步骤。

（1）添加断点，如图4-7所示。

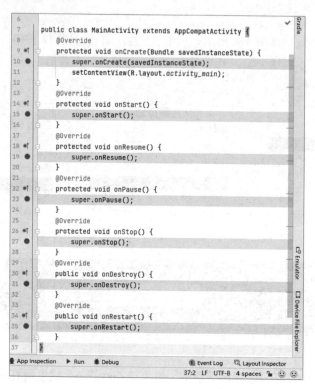

图 4-7　添加断点

（2）点击工具栏中的小虫子图标，即 Debug，开始调试。

（3）利用 Debug 视图中的按钮进行调试。对应用程序进行操作，根据程序停留的代码行，就实现了对生命周期的监听。

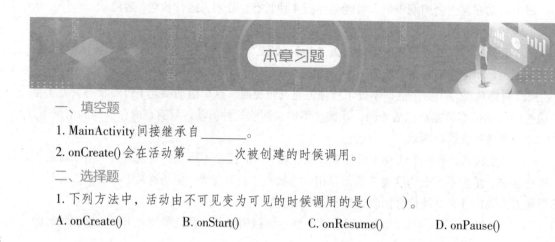

本章习题

一、填空题

1. MainActivity 间接继承自 _____。

2. onCreate() 会在活动第 _____ 次被创建的时候调用。

二、选择题

1. 下列方法中，活动由不可见变为可见的时候调用的是（　　　）。

A. onCreate()　　　　　　B. onStart()　　　　　　C. onResume()　　　　　　D. onPause()

2. 下列不是 Activity 生命周期方法的是（　　）。

A. onCreate()　　　　　B. startActivity()　　　　　C. onStart()　　　　　D. onResume()

三、判断题

1. 活动（Activity）是 Android 的四大组件之一。　　　　　　　　　　　　　　　　（　　）

2. 默认情况下，每当启动新的活动，它就会出栈。　　　　　　　　　　　　　　　（　　）

四、操作题

实现一个成绩登记功能。

注意：在此题中，需要使用到 2 个界面，一个是主界面，一个是成绩添加界面。在主界面中有 3 个控件，2 个文本视图控件和 1 个按钮控件，第一个文本视图显示界面的标题，第二个文本视图会显示添加的成绩。点击按钮，会进入到成绩添加界面，在此界面中有 6 个控件，第一个控件是文本视图控件，显示界面的标题；第二个和第三个控件是标签控件，分别显示"姓名"和"分数"；第四个和第五个控件为文本框控件，显示"张三"和"100"；第六个控件为按钮控件，点击该按钮，会返回到主界面中，并显示成绩。

第 5 章

Android 多媒体

多媒体可以提高应用程序的用户体验度,使应用程序更受大众喜欢。Android提供了一系列的多媒体API方便开发者使用。本章将详细介绍常用的几种多媒体对应的API,如简单处理音频、使用相机等内容。

在计算机系统中，多媒体指组合两种或两种以上媒体的一种人机交互式信息交流和传播媒体。使用的媒体包括文字、图片、照片、声音、动画和影片，以及程式所提供的互动功能。

1. Android支持的音频格式

音频是个专业术语，用作一般性描述音频范围内和声音有关的设备及其作用。人类能够听到的所有声音都可称为音频。Android默认支持的几种音频格式见表 5-1。

表 5-1　Android支持的音频格式

音频格式	介绍
MP3	动态影像专家压缩标准音频层面 3（MPEG Audio Layer 3），一种音频压缩技术，它被设计用来大幅度地降低音频数据量；利用该技术，可以将音乐以 1∶10 甚至 1∶12 的压缩率压缩成容量较小的文件，而对于大多数用户来说，重放的音质与最初的不压缩音频相比没有明显的下降；对应的是 .p3(audio/mp3) 文件
AAC	高级音频编码（Advanced Audio Coding），属于有损压缩的格式，是一种基于 MPEG-2 的音频编码技术；相对于 MP3，AAC 格式的音质更佳，文件更小；对应的是 .m4a(audio/m4a)、.3gp(audio/3gpp) 文件
AMR	自适应多速率编解码器（Adaptive Multi-Rate 和 Adaptive Multi-Rate Wideband），主要用于移动设备的音频，压缩比比较大，但相对其他的压缩格式质量比较差，多用于人声、通话，不用于处理音乐；对应的是 .3gp(audio/3gpp)、.amr(audio/amr) 文件
Ogg	OGGVobis是一种新的音频压缩格式，类似于 MP3 等的音乐格式；它完全免费、开放和没有专利限制；文件的扩展名是 .OGG；文件格式可以不断地进行大小和音质的改良，而不影响原来的编码器或播放器
PCM	脉冲编码调制（Pulse Code Modulation），是一个未压缩的音频文件，通常用于WAVE/WAV(波形音频文件) 文件，扩展名是 .wav(audio/x-wav)；优点就是音质好，缺点就是体积大

音频处理可以使用 2 个类，即 MediaRecoder和MediaPlayer类。其中，MediaRecorder用来进行音频的录制，常用的方法见表 5-2；MediaPlayer用来进行音频的播放，常用的方法见表 5-3。

表 5-2　处理音频时MediaRecoder的常用方法

方法	介绍
getAudioSourceMax()	获取音频源的最大值
getMaxAmplitude()	获取在前一次调用此方法之后录音中出现的最大振幅
prepare()	准备录制
release()	释放资源
reset()	将 MediaRecorder 设为空闲状态，即 Initial 状态

方法	介绍
setAudioChannels()	设置所录制的音频通道数
setAudioEncoder()	设置所录制的声音的编码格式
setAudioEncodingBitRate()	设置所录制的声音的编码位率
setAudioSamplingRate()	设置所录制的声音的采样率
setAudioSource()	设置声音来源，一般传入 MediaRecorder. AudioSource.MIC 参数指定录制来自麦克风的声音
start()	开始录制
stop()	停止录制
setOutputFile()	设置所录制的音频文件的保存位置
setOutputFormat()	设置所录制的音视频文件的格式

表 5-3　处理音频时 MediaPlayer 的常用方法

方法	介绍
getCurrentPosition()	获取当前播放器播放的位置
getDuration()	获取文件的播放时长(毫秒)，如果没有可用的时长，就会返回-1
isLooping()	检查 MediaPlayer 是否在循环播放
isPlaying()	检查 MediaPlayer 是否正在播放
pause()	暂停播放
prepare()	同步准备播放
prepareAsync()	异步准备播放
release()	释放 MediaPlayer
reset()	重置 MediaPlayer
setDataSource()	设置数据源
setLooping()	设置是否循环播放
setVolume()	设置播放器的音量
setWakeMode()	MediaPlayer 设置低级电源管理行为
start()	开始或恢复播放
stop()	停止播放

2. Android支持的视频格式

视频泛指将一系列静态影像以电信号的方式加以捕捉、记录、处理、储存、传送与重现的各种技术。Android默认支持的几种视频格式见表 5-4。

表 5-4 Android支持的视频格式

视频格式	介绍
H. 263	在 Android 7.0+中支持 H.263 是可选的，对应的文化类型为 3GPP(.3gp)、MPEG-4(.mp4)
H. 264 AVC	对应的文件类型为 3GPP(.3gp)、MPEG-4(.mp4)
MPEG-4 SP	对应的文件类型为 3GPP (.3gp)
VP8	只能在 Android 4.0 及更高版本中流式传输，对应的文件类型为 WebM(.webm)、Matroska(.mkv, Android 4.0+)

处理视频可以使用 MediaRecoder 类和 MediaPlayer 类这 2 个类。其中，MediaRecoder 用来进行视频的录制，常用的方法见表 5-5；MediaPlayer 用来进行视频的播放，常用的方法见表 5-6。

表 5-5 处理视频时 MediaRecoder 的常用方法

方法	介绍
prepare()	准备录制
release()	释放资源
reset()	将 MediaRecorder 设为空闲状态，即 Initial 状态
setCaptureRate()	设置视频帧捕获率
setVideoEncoder()	设置所录制视频的编码格式
setVideoEncodingBitRate()	设置所录制视频的编码位率
setVideoFrameRate()	设置所录制视频的捕获帧速率
setVideoSize()	设置要拍摄的宽度和视频的高度
setVideoSource()	设置用于录制的视频来源
start()	开始录制
stop()	停止录制

表 5-6 处理视频时 MediaPlayer 的常用方法

方法	介绍
getVideoHeight()	获取视频的高度
getVideoWidth()	获取视频的宽度
isLooping()	检查 MediaPlayer 是否在循环播放
isPlaying()	检查 MediaPlayer 是否正在播放

方法	介绍
pause()	暂停播放
prepare()	同步准备播放
prepareAsync()	异步准备播放
release()	释放 MediaPlayer
reset()	重置 MediaPlayer
setDataSource()	设置数据源
setDisplay()	设置显示方式
setScreenOnWhilePlaying()	设置在视频播放的时候是否使用 SurfaceHolder 保持屏幕亮起
setSurface()	设置 Surface
setVideoScalingMode()	设置视频缩放的模式
setLooping()	设置是否循环播放
setVolume()	设置播放器的音量
setWakeMode()	MediaPlayer 设置低级电源管理行为
start()	开始或恢复播放
stop()	停止播放

循序渐进

5.1 音频处理

音频的处理方式很多,可以使用 Andoid 内置的组件,也可以使用第三方组件。本节将讲解 Android 内置的 2 个处理音频的类 MediaRecoder 和 MediaPlayer。

5.1.1 使用 MediaRecoder 录制音频

要使用 MediaRecorder 对象需要完成 9 个步骤,分别为实例化一个 MediaRecorder 对象、设置采集设备、设置录制的编码格式、设置文件输出格式、设置目标文件、准备录制、开始录制、停止录制和释放资源,接下来我们详细讲解这些步骤。

1. 实例化一个MediaRecorder对象

通过new MediaRecorder()方法获得一个MediaRecorder对象，以便对其进行设置和操作。该方法的使用如下：

```
MediaRecorder  mediaRecorder=new MediaRecorder();
```

2. 设置音频采集设备

要进行音频的录制必须要使用硬件设备。在手机开发中一般会使用麦克风作为音频的录制设备（事实上，目前Android只支持使用它），通过调用setAudioSource()方法可以设置音频采集设备。该方法的使用如下：

```
setAudioSource(MediaRecorder.AudioSource.MIC);
```

这里的参数是指麦克风。

3. 设置音频录制的编码格式

通过调用setAudioEncoder()方法可以设置音频录制的编码格式。该方法的使用如下：

```
setAudioEncoder(MediaRecorder.AudioEncoder.AMR_NB);
```

这里的参数是指定压缩格式为AMR_NB。

4. 设置文件输出格式

这里所指的格式就是大家所熟知的MP3、MP4、3GP等，通过调用setOutputFormat()方法可以设置文件输出格式。该方法的使用如下：

```
setOutputFormat(MediaRecorder. OutputFormat.MPEG_4);
```

括号里的参数可以是RAW_AMR、MPEG_4、THREE_GPP中的一个，这里设置为MPEG_4。

5. 设置目标文件

各类参数设置完毕后我们必须告诉MediaRecorder对象，其录制的音频文件要保存在哪里。这个时候就需要调用设置目标文件的setOutputFile()方法。该方法的使用如下：

```
setOutputFile(String path);
```

括号里的参数可以是一个文件的有效对象，或者是一个文件的有效路径。

6. 准备录制

目前为止准备工作做得已经差不多了。接下来要做的就是告诉MediaRecorder对象，已经设置完成，需要它准备录制了。这个时候需要调用prepare()方法。该方法的使用如下：

```
prepare();
```

调用了该方法后，MediaRecorder对象进入准备就绪状态。接下来就可以进行录制了。

7. 开始录制

MediaRecorder对象已经是准备就绪状态后，需要调用start()方法通知它开始录制。一旦调用，MediaRecorder对象就会开始工作，向文件中写入音频数据。该方法的使用如下：

```
start();
```

调用了该方法后，MediaRecorder对象就进入开始状态，已经在采集数据并按照之前设置的参数向文件中写入数据了。

8. 停止录制

当需要停止音频的录制时，只要调用stop()方法就可以停止MediaRecorder对象。该方法的使用如下：

```
stop();
```

调用了该方法后，MediaRecorder对象就进入停止状态，停止采集数据，但并未释放资源。

9. 释放资源

当需要停止音频的录制后，其实MediaRecorder对象依然占用着资源，要保证系统安全高效地运行，我们需要及时释放该对象占用的资源。此时需要调用release()方法。该方法的使用如下：

```
release();
```

调用了该方法后，MediaRecorder对象将释放资源，至此一次完整的音频录制结束。

5.1.2 使用MediaPlayer播放音频

要使用MediaPlayer对象需要完成6个步骤，分别为实例化一个MediaPlayer对象、设置数据源、准备播放、开始播放、停止播放、释放资源。接下来，我们来详细介绍每个步骤的具体实现和功能。

1. 实例化一个MediaPlayer对象

通过new MediaPlayer()方法获得一个MediaPlayer对象，以便对其进行设置和操作。该方法的使用如下：

```
new MediaPlayer();
```

2. 设置数据源

有了MediaPlayer对象后，就可以开始播放音频了。当然，在播放前我们要设置准备播放的目标文件，也就是提供给MediaPlayer数据源，此时可以调用SetDataSource()方法。该方法的使用如下：

```
SetDataSource(filePath);
```

参数可以是一个有效的文件对象或文件的有效路径。

3. 准备播放

到目前为止，就可以进入准备状态，等待播放了，此时需要调用prepare()方法。该方法的使用如下：

```
prepare();
```

4. 开始播放

准备就绪后我们就可以开始正式播放了，此时需要调用start()方法。该方法的使用如下：

```
start();
```

5. 停止播放

当需要停止音频的播放时，只要调用stop()方法就可以停止。该方法的使用如下：

```
stop();
```

6. 释放资源

同MediaRecorder一样，最后是调用release()方法释放资源。该方法的使用如下：

```
release();
```

制作一个音频播放器

任务描述

（1）在界面中显示 2 个按钮，分别为"开始"和"停止"按钮。

（2）当点击"开始"按钮后，会播放音频；点击"停止"按钮后，会结束播放。

任务实施

1. 创建项目

创建 Android 项目，项目名为 AudioPlayerDemo。

2. 权限设置

打开 AndroidManifest.xml 文件，添加权限 READ_EXTERNAL_STORAGE，代码如下：

```
<?xml version="1.0" encoding="utf-8"?>
<manifest xmlns:android="http://schemas.android.com/apk/res/
android"
    package="com.example.audioplayerdemo">
    <uses-permission android:name="android.permission.READ_
EXTERNAL_STORAGE"></uses-permission>
    <application
        ······>
        ······
    </application>
</manifest>
```

3. 修改 activity_main.xml 文件的代码

在 activity_main.xml 文件中布局 2 个按钮，分别为"开始"和"停止"按钮，代码如下：

```
<?xml version="1.0" encoding="utf-8"?>
<LinearLayout xmlns:android="http://schemas.android.com/apk/res/
android"
```

```
    android:orientation="vertical"
    android:layout_width="fill_parent"
    android:layout_height="fill_parent">
    <Button
        android:id="@+id/btn_start"
        android:layout_width="fill_parent"
        android:layout_height="wrap_content"
        android:text="开始"/>
    <Button
        android:id="@+id/btn_stop"
        android:layout_width="fill_parent"
        android:layout_height="wrap_content"
        android:text="停止"/>
</LinearLayout>
```

4. 修改 MainActivity 文件的代码

打开 MainActivity 文件，编写代码，实现音频的播放和停止等功能。代码如下（限于篇幅，这里只展示关键代码）：

```
......
public class MainActivity extends AppCompatActivity {
    ......
    private Button btn_start;
    private Button btn_stop;
    MediaPlayer audioPlayer=null;
    boolean isPlaying=false;
    @Override
    protected void onCreate(Bundle savedInstanceState) {
        ......
        btn_start.setOnClickListener(new View.OnClickListener()
        {
            @Override
            public void onClick(View arg0)
            {
                if (isPlaying)
                    pause();                    //调用暂停方法
                else
                {
                    if (audioPlayer==null)
                        play();                 //调用播放方法
                    if (audioPlayer!=null)
                        reStart();              //调用继续播放方法
                }
            }
        });
```

```
        btn_stop.setOnClickListener(new View.OnClickListener()
        {
            @Override
            public void onClick(View arg0)
            {
                stop();                                  //调用停止方法
            }
        });
        initData();
    }
    ......
    public void play()
    {
        if (audioPlayer==null)
            audioPlayer=new MediaPlayer();
        try
        {
            audioPlayer.setDataSource("/data/data/com.example.
audioplayerdemo/audio.mp3");
            audioPlayer.prepare();
            audioPlayer.start();
            audioPlayer.setOnCompletionListener(new MediaPlayer.
OnCompletionListener()
            {
                @Override
                public void onCompletion(MediaPlayer arg0)
                {
                    stop();
                }
            });
        }
        ......
        btn_start.setText("停止");
        isPlaying=true;
    }
    public void pause()
    {
        if (audioPlayer!=null)
        {
            audioPlayer.pause();
        }
        isPlaying=false;
        btn_start.setText("开始");
    }
```

```java
public void reStart()
{
    audioPlayer.start();
    isPlaying=true;
    btn_start.setText("停止");
}
public void stop()
{
    if (audioPlayer!=null)
    {
        audioPlayer.stop();
        audioPlayer.release();
        audioPlayer=null;
    }
    btn_start.setText("开始");
}
}
```

运行程序，在打开该应用程序的时候，会弹出一个授权对话框，点击允许后，会看到程序的初始效果，如图 5-1 所示。当点击"开始"按钮后，会播放音频；点击"停止"按钮后，会结束播放。

图 5-1　初始效果

注意：程序中的 audio.mp3 文件是我们使用 adb push 命令进行放置的。

 5.2 **使用系统相机**

很多的应用程序都会调用系统相机进行拍照或录制视频，例如社交媒体、视频软件、美图软件等。该功能的实现需要使用到 Intent，如以下的代码：

```java
Intent imageCaptureIntent=new Intent(MediaStore.ACTION_IMAGE_
CAPTURE);
startActivityForResult(imageCaptureIntent, RESULT_CAPTURE_
IMAGE);
```

实现简易相机

任务描述

（1）显示一个启动系统相机的界面，该界面中包含一个按钮和一个图片视图。

（2）点击按钮，调用系统相机进行拍照，拍照完成后，返回到启动系统相机的界面，在图片视图中显示拍下的照片，并且图片也会进行相应的保存。

任务实施

1. 创建项目

创建 Android 项目，项目名为 CameraDemo。

2. 权限设置

打开 AndroidManifest.xml 文件，添加 4 个权限，分别为 CAMERA、RECORD_AUDIO、WRITE_EXTERNAL_STORAGE 和 MOUNT_UNMOUNT_FILESYSTEMS，代码如下：

```xml
<?xml version="1.0" encoding="utf-8"?>
<manifest xmlns:android="http://schemas.android.com/apk/res/
android"
    xmlns:tools="http://schemas.android.com/tools"
    package="com.example.camerademo">
    <uses-permission android:name="android.permission.CAMERA"/>
    <uses-permission android:name="android.permission.RECORD_
                                    AUDIO"/>
    <uses-permission android:name="android.permission.WRITE_
                                    EXTERNAL_STORAGE"/>
    <uses-permission android:name="android.permission.MOUNT_
                                    UNMOUNT_FILESYSTEMS"
        tools:ignore="ProtectedPermissions"/>
    <application
        ......>
        ......
    </application>
</manifest>
```

3. 修改 activity_main.xml 文件的代码

在 activity_main.xml 文件中实现对界面的布局，代码如下：

```xml
<LinearLayout xmlns:android="http://schemas.android.com/apk/res/
android"
    xmlns:tools="http://schemas.android.com/tools"
    android:layout_width="match_parent"
    android:layout_height="match_parent"
    android:orientation="vertical">
    <Button
        android:id="@+id/btn_takephoto"
```

```
            android:layout_width="match_parent"
            android:layout_height="wrap_content"
            android:text="拍照"/>
        <ImageView
            android:id="@+id/iv_image"
            android:layout_width="wrap_content"
            android:layout_height="wrap_content"
            android:layout_gravity="center"/>
    </LinearLayout>
```

4. 修改 MainActivity 文件的代码

打开 MainActivity 文件，编写代码，实现拍照功能。代码如下（限于篇幅，这里只展示关键代码）：

```
......
public class MainActivity extends AppCompatActivity {
    ......
    @Override
    protected void onCreate(Bundle savedInstanceState) {
        super.onCreate(savedInstanceState);
        setContentView(R.layout.activity_main);
        btnTakePhoto=(Button) findViewById(R.id.btn_takephoto);
        ivSurface=(ImageView) findViewById(R.id.iv_image);
        btnTakePhoto.setOnClickListener(listener);
        initData();
    }
    private void initData() {
        //权限申请
        //逐个判断需要的权限是否已经通过
        judgePermissions();
        if (!mPassPermissions) {
            ActivityCompat.requestPermissions(this, permissions,
REQUEST_CODE_PERMISSIONS);
        }
    }
    private void judgePermissions() {
        boolean permission=true;
        for (int i=0; i<permissions.length; i++) {
            if (ContextCompat.checkSelfPermission(this,
permissions[i])!=PackageManager.PERMISSION_GRANTED) {
                permission=false;
            }
        }
        mPassPermissions=permission;
    }
```

```java
        View.OnClickListener listener=new View.OnClickListener() {
            @Override
            public void onClick(View v) {
                // TODO Auto-generated method stub
                switch (v.getId()) {
//拍照的按钮
                    case R.id.btn_takephoto:
                        cameraMethod();
    //启动系统相机
                        break;
                }
            }
        };
    private void cameraMethod() {
//实例化拍照的Intent
        Intent imageCaptureIntent=new Intent(MediaStore.ACTION_
    IMAGE_CAPTURE);
//设置图片存放的路径
        strImgPath=getExternalFilesDir(Environment.DIRECTORY_
    PICTURES).toString();
        String fileName=new SimpleDateFormat("yyyyMMddHHmmss")
                .format(new Date())+".jpg";        //给相片命名
        out=new File(strImgPath);
//检查存放的路径是否存在，如果不存在则创建目录
        if (!out.exists()) {
            out.mkdirs();
        }
        // 在此目录下创建文件
        out=new File(strImgPath, fileName);
        strImgPath=strImgPath+fileName;
        startActivityForResult(imageCaptureIntent, RESULT_
    CAPTURE_IMAGE);        //启动相机
    }
    @Override
    protected void onActivityResult(int requestCode, int
    resultCode, Intent data) {
        super.onActivityResult(requestCode, resultCode, data);
        switch (requestCode) {
            case RESULT_CAPTURE_IMAGE:                //拍照
//如果返回为正确的结果
                if (resultCode==RESULT_OK) {
                    Bundle extras=data.getExtras();
//得到额外的数据的data字段，转化为bitmap类型
                    Bitmap b=(Bitmap) extras.get("data");
```

```
//实例化矩阵Matrix
                Matrix matrix=new Matrix();
//设置缩放
                matrix.postScale(5f, 4f);
//创建bitmap对象，并设置bitmap的参数
                b=Bitmap.createBitmap(b, 0, 0, b.getWidth(),
                                b.getHeight(),
                    matrix, true);
//设置imageview的图片资源
                ivSurface.setImageBitmap(b);
                try {
                    FileOutputStream outStream=
                        new FileOutputStream(out);
                    b.compress(Bitmap.CompressFormat.JPEG,
                            100, outStream);
                    outStream.close();
                } catch (Exception e) {
                    e. printStackTrace();
                }
            }
            break;
        }
    }
}
```

运行程序，初始效果如图 5-2 所示。点击"拍照"按钮，启动系统相机，如图 5-3 所示。点击相机图标实现拍照，如图 5-4 所示。点击完成图标，回到应用程序的界面，如图 5-5 所示。

图 5-2　初始效果

图 5-3　启动相机

图 5-4　实现拍照

注意：此任务的照片文件保存在如图 5-6 所示的路径中。

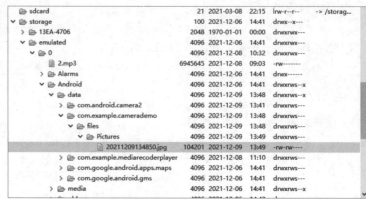

图 5-5　完成拍照　　　　　　　　　图 5-6　照片保存位置

5.3 视频处理

本节将介绍处理视频的 2 个类，分别为 MediaRecoder 和 MediaPlayer。

5.3.1 录制视频

录制视频需要分为 2 个步骤，第一步是渲染一个 SurfaceView 用以展示预览，第二步是通过 MediaRecorder 录制视频文件。下面依次介绍这 2 部分。

1. 预览功能

在 Android 中完成预览功能，须调用 setPreviewDisplay() 方法，该方法的形式如下：

```
MediaRecorder.setPreviewDisplay(Surface sv)
```

这里需要传递的参数是 Surface。获取 Surface 的方式很简单，它就藏在 SurfaceHolder 里，使用 getSurface() 就可以得到 Surface 对象。通过 SurfaceHolder，我们可以操作 SurfaceView 的大小、格式等。

SurfaceView 是视图（View）的继承类，这个视图里内嵌了一个专门用于绘制的 Surface。Surfaceview 控制这个 Surface 在屏幕上的绘制位置。

我们使用 SurfaceView 在屏幕上渲染出一片区域，然后将摄像头捕捉到的画面显示在该区域内。

完成一个 SurfaceView 的设置需要经过以下 4 个步骤，分别为创建一个 SurfaceView、获得操作对象、获得 SurfaceHolder 对象、实现 SurfaceHolder.Callback 接口，并传递给 SurfaceHolder。接下来依次介绍各个步骤。

（1）在 xml 代码中创建一个 SurfaceView。例如，创建一个 320×240 的 SurfaceView，语法格式如下：

```
<SurfaceView
        android:id="@+id/surfaceView1"
        android:layout_width="320px"
        android:layout_height="240px"/>
```

（2）在Java代码中获得其操作对象：

```
SurfaceView sv=(SurfaceView)findViewById(R.id.surfaceView1);
```

（3）获得SurfaceHolder对象：

```
holder=sv.getHolder();
```

（4）为SurfaceHolder添加回调接口。SurfaceHolder作为一个SurfaceView的句柄而存在，它必须时刻关心SurfaceView的状态，如何时创建、何时改变、何时销毁。而这些在SurfaceHolder接口中都可以被实现。实现该接口需要完成3个函数，分别是：

```
@Override
public void surfaceChanged(SurfaceHolder arg0, int arg1, int
arg2, int arg3)
{
}
@Override
public void surfaceCreated(SurfaceHolder arg0)
{
}
@Override
public void surfaceDestroyed(SurfaceHolder arg0)
{
}
```

从字面上就可以看出其具体意义了，SurfaceCreated()在SurfaceView被创建时回调，SurfaceChanged()在SurfaceView被改变时使用，SurfaveDestroyed()在SurfaceView被销毁时使用。实现该接口后就可以将其作为一个参数传递给SurfaceHolder，此时需要使用addCallback()方法，该方法的使用如下：

```
SurfaceHolder.addCallback(Callback arg0)
```

2. 录制功能

录制部分需要完成11个步骤：获得MediaRecorder对象、设置录制的硬件、设置输出格式、设置录制大小（可选）、设置录制时的帧率（可选）、设置编码格式、设置输出文件、准备录制、开始录制、停止录制、释放资源。下面将详细讲解各个步骤。

（1）获得MediaRecorder对象：

```
recorder=new MediaRecorder();
```

（2）设置录制的硬件：

```
MediaRecorder.setVideoSource(MediaRecorder.VideoSource.
CAMERA);
```

（3）设置输出格式：

```
MediaRecorder.setOutputFormat(MediaRecorder.OutputFormat.THREE_
GPP);
```

这里的参数还可以设置为 MPEG_4、DEAFULT、RAW_AMR，不过在 Android SDK 中官方强烈建议音频编码为 AMR、视频编码为 H263 时使用 THREE_GPP 为输出格式。

（4）设置录制大小：

```
MediaRecorder.setVideoSize(800, 480);
```

录制大小的设置是一个可选属性，可以选择不进行设置，每个手机的默认大小都不同。这里的 VideoSize 设置关系到录出来的视频清晰与否，如果设置为 1024×720 就是平常所说的高清。

（5）设置录制时的帧率：

```
MediaRecorder.setVideoFrameRate(25);
```

这里的帧率设置同样是一个可选属性。根据 Android SDK 的描述，部分设备设置该属性无效。因为系统的摄像头是自动帧率，这个时候该方法则设置了最高帧率。

（6）设置编码格式：

```
MediaRecorder.setVideoEncoder(MediaRecorder.VideoEncoder.
H264);
```

这里的参数还可以设置为 MediaRecorder.VideoEncoder.H263 或 MediaRecorder.VideoEncoder.MPEG_4_SP。

（7）设置输出文件：

```
MediaRecorder.setOutputFile(path);
```

这里的参数是文件的有效路径。

（8）准备录制：

```
MediaRecorder.prepare();
```

MediaRecorder 必须要先准备才可以开始录制，因为在准备时，Java 层会通过 JNI 调用进行一些摄像头的初始化，否则会出现非法状态异常。

（9）开始录制：

```
MediaRecorder.start();
```

（10）停止录制：

```
MediaRecorder.stop();
```

（11）释放资源：

```
MediaRecorder.release();
```

到这里一个完整的流程就结束了。

> 注意：在录制结束后不要忘记释放资源，否则会造成程序运行缓慢，严重时甚至会出现死机。

5.3.2 播放视频

依然用SurfaceView完成视频的显示。使用MediaPlayer进行视频播放时需要完成的8个步骤：获得MediaPlayer对象、绑定播放组件、设置数据源、准备播放、开始播放、暂停播放、停止播放和释放资源。

（1）获得MediaPlayer对象：

```
player=new MediaPlayer();
```

（2）绑定播放组件：

```
MediaPlayer.setDisplay(SurfaceHolder sh);
```

这里的参数依然是SurfaceHolder，与setPreviewDispaly()方法相同。

（3）设置数据源：

```
MediaPlayer.setDataSource(String arg0)
```

这里已经是设置的最后一步了，把文件名作为参数传递给MediaPlayer，接下来的工作就交给它，不再需要进行其他的设置了，接下来要做的就是控制MediaPlayer的状态了。

（4）准备播放：

```
MediaPlayer.prepare();
```

（5）开始播放：

```
MediaPlayer.start();
```

（6）暂停播放：

```
MediaPlayer.pause();
```

（7）停止播放：

```
MediaPlayer.stop();
```

（8）释放资源：

```
MediaPlayer.release();
```

制造一个视频播放器

任务描述

（1）在界面中显示 3 个按钮，分别为"开始""暂停"和"停止"按钮，显示一个 SurfaceView。

（2）当点击"开始"按钮后，会播放视频；点击"暂停"按钮后，会暂停播放；点击"停止"按钮后，会结束播放。

任务实施

1. 创建项目

创建 Android 项目，项目名为 VideoPlayer。

2. 权限设置

打开 AndroidManifest.xml 文件，添加权限 WRITE_EXTERNAL_STORAGE，代码如下：

```xml
<?xml version="1.0" encoding="utf-8"?>
<manifest xmlns:android="http://schemas.android.com/apk/res/
android"
    package="com.example.videoplayer">
    <uses-permission android:name="android.permission.WRITE_
EXTERNAL_STORAGE"></uses-permission>
    <application
        ……>
        ……
    </application>
</manifest>
```

3. 修改 activity_main.xml 文件的代码

在 activity_main.xml 文件中布局 3 个按钮，分别为"开始""暂停"和"停止"按钮，以及一个 SurfaceView。代码如下：

```xml
<?xml version="1.0" encoding="utf-8"?>
<LinearLayout xmlns:android="http://schemas.android.com/apk/res/
android"
    android:orientation="vertical"
    android:layout_width="fill_parent"
    android:layout_height="fill_parent">
    <SurfaceView
        android:id="@+id/sfv_show"
        android:layout_width="match_parent"
        android:layout_height="300dp"/>
    <Button
        android:id="@+id/btn_start"
        android:layout_width="fill_parent"
        android:layout_height="wrap_content"
        android:text="开始"/>
```

```xml
    <Button
        android:id="@+id/btn_pause"
        android:layout_width="fill_parent"
        android:layout_height="wrap_content"
        android:text="暂停 "/>
    <Button
        android:id="@+id/btn_stop"
        android:layout_width="fill_parent"
        android:layout_height="wrap_content"
        android:text="停止"/>
</LinearLayout>
```

4. 修改 MainActivity 文件的代码

打开 MainActivity 文件，编写代码，实现视频的播放和停止等功能。代码如下（限于篇幅，这里只展示关键代码）：

```java
......
public class MainActivity extends AppCompatActivity implements
View.OnClickListener, SurfaceHolder.Callback{
    ......
    MediaPlayer mPlayer=null;
    private SurfaceView sfv_show;
    private SurfaceHolder surfaceHolder;
    private Button btn_start;
    private Button btn_pause;
    private Button btn_stop;
    @Override
    protected void onCreate(Bundle savedInstanceState) {
        super.onCreate(savedInstanceState);
        setContentView(R.layout.activity_main);
        ......
        //初始化SurfaceHolder类，SurfaceView的控制器
        surfaceHolder=sfv_show.getHolder();
        surfaceHolder.addCallback(this);
        surfaceHolder.setFixedSize(320, 220);
        initData();
    }
    ......
    @Override
    public void surfaceCreated(@NonNull SurfaceHolder holder) {
        mPlayer=new MediaPlayer();
        mPlayer.setAudioAttributes(new AudioAttributes
                .Builder()
                .setContentType(AudioAttributes.CONTENT_TYPE_
                        MUSIC)
```

```
                .build());
        try
        {
            mPlayer.setDataSource("/data/data/com.example.
videoplayer/video.3gp");
            mPlayer.setOnPreparedListener(this::onPrepared);
            mPlayer.prepareAsync();
        }
        ......
        mPlayer.setDisplay(surfaceHolder);
                            //设置显示视频显示在SurfaceView上
    }
    public void onPrepared(MediaPlayer player) {
        player.start();          //播放视频
    }
    ......
    @Override
    public void onClick(View v) {
        switch (v.getId()) {
            case R.id.btn_start:
                mPlayer.start();
                btn_start.setEnabled(false);
                btn_pause.setEnabled(true);
                btn_stop.setEnabled(true);
                break;
            case R.id.btn_pause:
                mPlayer.pause();
                btn_start.setEnabled(true);
                btn_pause.setEnabled(false);
                break;
            case R.id.btn_stop:
                mPlayer.stop();
                btn_start.setEnabled(false);
                btn_pause.setEnabled(false);
                btn_stop.setEnabled(false);
                break;
        }
    }
}
```

运行程序，在打开该应用程序的时候，会弹出一个授权对话框，点击允许后，会看到程序的初始效果，如图 5-7 所示。此时视频是播放的，点击"暂停"按钮后，会暂停播放；点击"停止"按钮后，会结束播放。

图 5-7　初始效果

实现音频录制播放器

实现音频录制
播放器

任务描述

（1）在界面中显示 4 个按钮，分别为"录音""停止录音""播放"和"停止"按钮。

（2）当点击"录音"按钮后，会实现声音的录制；点击"停止录音"后，会结束录制；点击"播放"按钮后，会播放录制的声音；点击"停止"按钮后，会结束播放。

任务实施

1. 创建项目

创建 Android 项目，项目名为 MediaRecoderPlayer。

2. 权限设置

打开 AndroidManifest.xml 文件，添加 3 个权限，分别为 RECORD_AUDIO、READ_EXTERNAL_STORAGE 和 WRITE_EXTERNAL_STORAGE，代码如下：

```xml
<?xml version="1.0" encoding="utf-8"?>
<manifest xmlns:android="http://schemas.android.com/apk/res/android"
    package="com.example.mediarecoderplayer">
    <uses-permission android:name="android.permission.RECORD_AUDIO"></uses-permission>
    <uses-permission android:name="android.permission.READ_EXTERNAL_STORAGE"></uses-permission>
    <uses-permission android:name="android.permission.WRITE_EXTERNAL_STORAGE"></uses-permission>
    <application
        ……>
        ……
    </application>
</manifest>
```

3. 修改 activity_main.xml 文件的代码

在 activity_main.xml 文件中布局 4 个按钮，分别为"录音""停止录音""播放"和"停止"按钮，代码如下：

```xml
<?xml version="1.0" encoding="utf-8"?>
<LinearLayout xmlns:android="http://schemas.android.com/apk/res/
android"
    android:layout_width="fill_parent"
    android:layout_height="fill_parent"
    android:orientation="vertical">
    <Button android:text="录音"
        android:textSize="30dp"
        android:id="@+id/button1"
        android:layout_width="fill_parent"
        android:layout_height="100dp"/>
    <Button android:text="停止录音"
        android:textSize="30dp"
        android:id="@+id/button2"
        android:layout_width="fill_parent"
        android:layout_height="100dp"/>
    <Button android:text="播放"
        android:textSize="30dp"
        android:id="@+id/button3"
        android:layout_width="fill_parent"
        android:layout_height="100dp"/>
    <Button android:text="停止"
        android:textSize="30dp"
        android:id="@+id/button4"
        android:layout_width="fill_parent"
        android:layout_height="100dp"/>
</LinearLayout>
```

4. 修改 MainActivity 文件的代码

打开 MainActivity 文件，编写代码，实现声音的录制及播放等功能。代码如下（限于篇幅，这里只展示关键代码）：

```java
......
public class MainActivity extends AppCompatActivity {
    ......
    @Override
    protected void onCreate(Bundle savedInstanceState) {
        super.onCreate(savedInstanceState);
        setContentView(R.layout.activity_main);
        ......
        recordBtn.setOnClickListener(new View.OnClickListener()
        {
            @Override
            public void onClick(View arg0)
            {
                record();                              //调用录制方法
            }
```

```
    });
    stopRecordBtn.setOnClickListener(new View.
    OnClickListener()
    {
        @Override
        public void onClick(View arg0)
        {
            stopRecord();                    //调用停止方法
        }
    });
    playBtn.setOnClickListener(new View.OnClickListener()
    {
        @Override
        public void onClick(View arg0)
        {
            if (isPlaying)
                pause();                     //调用暂停方法
            else
            {
                if (audioPlayer==null)
                    play();                  //调用播放方法
                if (audioPlayer!=null)
                    reStart();               //调用继续播放方法
            }
        }
    });
    ......
}
......
public void record()
{
    if(mr==null){
        dir=new File(getExternalFilesDir(null),"sounds");
        if(!dir.exists()){
            dir.mkdirs();
        }
        soundFile=new File(dir,System.currentTimeMillis()+
                ".amr");
        if(!soundFile.exists()){
            try {
                soundFile.createNewFile();
            } catch (IOException e) {
                e. printStackTrace();
            }
        }
        mr=new MediaRecorder();
        mr.setAudioSource(MediaRecorder.AudioSource.MIC);
```

```
                                                    //音频输入源
        mr.setOutputFormat(MediaRecorder.OutputFormat.AMR_WB);
                                                //设置输出格式
        mr.setAudioEncoder(MediaRecorder.AudioEncoder.AMR_WB);
                                                //设置编码格式
        mr.setOutputFile(soundFile.getAbsolutePath());
        try {
            mr.prepare();
            mr.start();
                                                    //开始录制
        } catch (IOException e) {
e. printStackTrace();
        }
    }
}
    public void stopRecord()
    {
        if(mr!=null){
            mr.stop();
            mr.release();
            mr-null;
        }
    }
    public void play()
    {
        if (audioPlayer==null)
            audioPlayer=new MediaPlayer();
                                                //实例化播放器
        try
        {
            audioPlayer.setDataSource(soundFile.
getAbsolutePath());                             //设置数据源
            audioPlayer.prepare();
                                                //设置状态为准备好
            audioPlayer.start();
                                    //设置状态为开始
            audioPlayer.setOnCompletionListener(new MediaPlayer.
OnCompletionListener()
            {
                @Override
                public void onCompletion(MediaPlayer arg0)
                {
                    stop();    //监听是否完成播放，若是则调用停止方法
                }
            });
    }
    ……
```

```
        playBtn.setText("暂停");
        isPlaying=true;
    }
    public void pause()
    {
        if (audioPlayer!=null)
        {
            audioPlayer.pause();        //设置状态为暂停
        }
        isPlaying=false;
        playBtn.setText("播放");
    }
    public void reStart()
    {
        audioPlayer.start();            //重新开始播放
        isPlaying=true;
        playBtn.setText("暂停");
    }
    public void stop()
    {
        if (audioPlayer!=null)
        {
            audioPlayer.stop();         //停止播放
            audioPlayer.release();      //释放资源
            audioPlayer=null;
        }
        playBtn.setText("播放");
    }
}
```

运行程序，在打开该应用程序的时候，会弹出授权对话框，点击允许后，会看到程序的初始效果，如图 5-8 所示。点击"录音"按钮后，会实现声音的录制；点击"停止录音"后，会结束录制；点击"播放"按钮后，会播放录制的声音；点击"停止"按钮后，会结束播放。

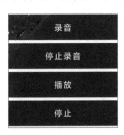

图 5-8　运行效果

知识拓展

对应网络媒体的播放，可以使用 MediaPlayer 的 setDataSource() 方法实现，该方法的使用如下：

```
setDataSource("http://www.****");
```

除了可以使用 MediaPlayer 的 setDataSource() 方法进行视频的网络播放外，还可以使用 VideoView 来直接播放视频，此时需要使用 setVideoURI() 方法设置数据源。该方法的使用如下：

```
setVideoURI(Uri.parse("http://www.****"));
```

本章习题

一、填空题

1. 音频处理可以使用 ＿＿＿＿＿＿ 和 ＿＿＿＿＿＿ 类。

2. 视频处理可以使用 ＿＿＿＿＿＿ 和 MediaPlayer 类。

二、选择题

1. SurfaceView 在视图中的作用是（　　　）。

A. 主要用来定义界面可视化元素的布局信息　B. 主要绘图容器，用来展示视图播放的内容

C. 主要用作容器，用来放置其他可视化组件　D. 主要用来显示界面的状态信息

2. 下列可以设置音频录制的编码格式的方法是（　　　）。

A. setAudioEncoder()　　B. setAudioSource()　　C. setOutputFormat()　　D. setOutputFile()

三、判断题

1. MediaPlayer 是用于播放音频和视频的。　　　　　　　　　　　　　　　　（　　　）

2. 使用 MediaPlayer 每次只能播放 1 个音频，适用于播放音乐或背景音乐。（　　　）

四、操作题

制作一个音频录制器。

注意：在该播放器中有 2 个按钮，一个是"录音"按钮，一个是"停止录音"按钮。点击"录音"按钮实现录音功能，点击"停止录音"按钮实现停止录音功能。

第6章

Android 传感器

随着手机传感技术的发展，现在各大手机支持的传感器类型也越来越多，在开发中利用传感器进行某些操作令人们有一种耳目一新的感觉。例如聊天软件中的摇一摇摇红包，音乐播放软件中的摇一摇切歌等。本章将对 Android 中的传感器进行相关介绍。

知识入门

1. 什么是传感器

传感器是一种物理装置或生物器官，能够探测、感受外界的信号、物理条件（如光、热、湿度）或化学组成（如烟雾），并将探知的信息传递给其他装置或器官。在 Android 中，传感器可以展示当前手机状态的应用，包括硬件信息、当前位置、加速计、陀螺仪、光感、磁场、定向、声压，同时还可以进行多点触控的测试。

2. Android 平台支持的传感器类型

Android 平台支持 13 个传感器，这些传感器可以归纳为 3 个大类，分别为运动传感器、环境传感器和位置传感器。以下是对这三类传感器的介绍。

（1）运动传感器：这些传感器用于测量加速力，以及沿 3 个轴的旋转力。在 Android 中，这样的传感器共有 5 个，分别为加速传感器、陀螺仪传感器、重力传感器、线性加速传感器和旋转向量传感器。

（2）环境传感器：这些传感器用丁测量各种环境参数，如环境空气温度和压力、照明和湿度。在 Android 中，这样的传感器共有 5 个，分别为光线传感器、压力传感器、温度传感器、周围温度传感器和湿度传感器。

（3）位置传感器：这些传感器用于测量设备的物理位置。在 Android 中，这样的传感器共有 3 个，分别为磁场传感器、方向传感器和距离传感器。

3. 传感器框架

传感器框架是 android.hardware 软件包的一部分，包含了以下类和接口。

（1）SensorManager：这个类用来创建传感器服务的实例。该类提供了各种方法来访问和列出传感器、注册和取消注册传感器事件监听器，以及获取屏幕方向信息。它还提供了几个传感器常量，用于报告传感器精确度、设置数据采集频率和校准传感器。

（2）Sensor：这个类用来创建特定传感器的实例。该类提供了各种方法来确定传感器的特性。

（3）SensorEvent：这个类用来创建传感器事件对象，该对象提供有关传感器事件的信息。传感器事件对象中包含以下信息：原始传感器数据、生成事件的传感器类型、数据的准确度和事件的时间戳。

（4）SensorEventListener：此接口用来创建 2 种回调方法，即 onAccuracyChanged() 和 onSensorChanged()，以在传感器值或传感器精确度发生变化时接收通知（传感器事件）。

6.1 使用传感器

Android 中传感器使用方法都是类似的，需要完成以下 4 个步骤。

1. 获取 SensorManager 的实例

SensorManager 是系统所有传感器的管理器，可以调用 getSystemService() 方法获取 SensorManager 的实例，该方法的使用如下：

```
SensorManager mSensorManager=(SensorManager)
getSystemService(SENSOR_SERVICE);
```

2. 获取 Sensor 传感器类型

调用 SensorManager 实例的 getDefaultSensor() 方法可以得到任意传感器的类型。该方法的使用如下：

```
Sensor mSensor=mSensorManager.getDefaultSensor(Sensor.TYPE_
ACCELEROMETER);
```

该方法中只有一个参数，用来指定传感器的类型，Android 中传感器的类型有 13 种，见表 6-1。

表 6-1 Android 中传感器类型

类型常量	介绍
Sensor.TYPE_ACCELEROMETER	加速传感器
Sensor.TYPE_LINEAR_ACCELERATION	线性加速传感
Sensor.TYPE_AMBIENT_TEMPERATURE	周围温度传感器
Sensor.TYPE_GRAVITY	重力传感器
Sensor.TYPE_GYROSCOPE	陀螺仪传感器
Sensor.TYPE_LIGHT	光线传感器
Sensor.TYPE_MAGNETIC_FIELD	磁场传感器
Sensor.TYPE_ORIENTATION	方向传感器
Sensor.TYPE_PRESSURE	压力传感器

续表

类型常量	介绍
Sensor.TYPE_PROXIMITY	距离传感器
Sensor.TYPE_RELATIVE_HUMIDITY	湿度传感器
Sensor.TYPE_ROTATION_VECTOR	旋转向量传感器
Sensor.TYPE_TEMPERATURE	温度传感器

3. 对传感器信号进行监听

借助 SensorEventListener 对传感器输出的信号进行监听。该方法的使用如下：

```
SensorEventListener listener=new SensorEventListener() {
    @Override
    public void onSensorChanged(SensorEvent event) {
        //当传感器监测到的数值发生变化时就会调用onSensorChanged方法
        //SensorEvent参数中又包含了一个values数组
        // 所有传感器输出的信息都存放在values数组中
    }
    @Override
    public void onAccuracyChanged(Sensor sensor, int accuracy) {
            //传感器的精度发生变化时就会调用onAccuracyChanged方法
}
};
```

4. 注册 SensorEventListener

调用 SensorManager 的 registerListener() 方法来注册 SensorEventListener，使其生效。该方法的使用如下：

```
mSensorManager.registerListener(listener, mSensor,
SensorManager.SENSOR_DELAY_UI);
```

该方法中参数介绍如下。

（1）第一个参数：传感器数据变化的监听器。

（2）第二个参数：需要监听的传感器。

（3）第三个参数：传感器数据更新的速度。这里提供了 4 个可选值，介绍如下。

①SENSOR_DELAY_UI：适合于在 ui 空间中获得传感器数据。

②SENSOR_DELAY_NORMAL：以一般的速度获得传感器数据。

③SENSOR_DELAY_GAME：适合于在游戏中获得传感器数据。

④SENSOR_DELAY_FASTEST：以最快的速度获得传感器数据。

> 注意：当程序退出或传感器使用完毕时，一定要调用 unregisterListener() 方法将使用的资源释放掉。

加速度查看器

加速度查看器

任务描述

（1）在界面显示一个文本视图。

（2）在文本视图中显示加速度传感器的X、Y、Z值。

任务实施

1. 创建项目

创建Android项目，项目名为SensorsDemo。

2. 修改 activity_main.xml 文件的代码

打开 activity_main.xml 文件，实现对TextView的布局。代码如下：

```xml
<?xml version="1.0" encoding="utf-8"?>
<androidx.constraintlayout.widget.ConstraintLayout
xmlns:android="http://schemas.android.com/apk/res/android"
    xmlns:app="http://schemas.android.com/apk/res-auto"
    xmlns:tools="http://schemas.android.com/tools"
    android:layout_width="match_parent"
    android:layout_height="match_parent"
    tools:context=".MainActivity">
    <TextView
        android:id="@+id/tv"
        android:layout_width="wrap_content"
        android:layout_height="wrap_content"
        android:textSize="20dp"
        app:layout_constraintBottom_toBottomOf="parent"
        app:layout_constraintLeft_toLeftOf="parent"
        app:layout_constraintRight_toRightOf="parent"
        app:layout_constraintTop_toTopOf="parent"/>
</androidx.constraintlayout.widget.ConstraintLayout>
```

3. 修改 MainActivity 文件的代码

打开MainActivity文件，编写代码实现显示加速度传感器的X、Y、Z值。代码如下（限于篇幅，这里只展示关键代码）：

```java
……
public class MainActivity extends AppCompatActivity {
    SensorManager mSensorManager;
    TextView tv;
    Sensor mSensor;
    //对传感器信号进行监听
    SensorEventListener sel=new SensorEventListener() {
        @Override
        public void onSensorChanged(SensorEvent event) {
```

```
                 String str;
                 str="X方向的加速度是: "+event.values[0];
                 str += "\nY方向的加速度是: "+event.values[1];
                 str += "\nZ方向的加速度是: "+event.values[2];
                 tv.setText(str);
             }
             @Override
         public void onAccuracyChanged(Sensor sensor, int accuracy)
         {
                 // TODO Auto-generated method stub
             }
     };
     @Override
     protected void onCreate(Bundle savedInstanceState) {
         super.onCreate(savedInstanceState);
         setContentView(R.layout.activity_main);
         tv=(TextView)this.findViewById(R.id.tv);
//获取 SensorManager 的实例
         mSensorManager=(SensorManager) getSystemService(SENSOR_
SERVICE);
//获取 Sensor 传感器类型
         mSensor=mSensorManager.getDefaultSensor(Sensor.TYPE_
ACCELEROMETER);
//注册 SensorEventListener
         mSensorManager.registerListener(sel, mSensor,
SensorManager.SENSOR_DELAY_UI);
     }
     @Override
     protected void onStop() {
         mSensorManager.unregisterListener(sel);
             super.onStop();
     }
}
```

运行程序，效果如图 6-1 所示。在 TextView 中的文本会随手机一直变动。

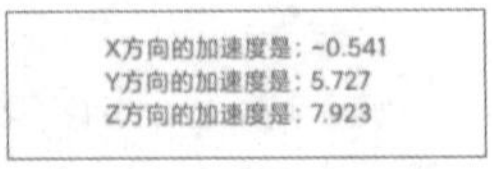

```
X方向的加速度是: -0.541
Y方向的加速度是: 5.727
Z方向的加速度是: 7.923
```

图 6-1 运行效果

传感器坐标系统

通常,传感器使用一个标准的三轴坐标系统来表达数值。当一个设备被放在其默认的方向上时,X轴是水平指向右的,Y轴是垂直向上的,Z轴是指向屏幕正面之外的,即屏幕背面是Z的负值,如图 6-2 所示。会用到该坐标系的传感器包括加速传感器、陀螺仪传感器、重力传感器、线性加速传感器和磁场传感器。

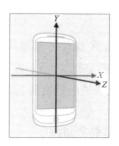

图6-2 传感器坐标

> 注意:(1)对于大多数传感器来说,坐标系统是相对于设备屏幕来说的;(2)在屏幕方向改变的时候,坐标系中的轴是不会交换的。

 常见传感器介绍

本节将介绍 8 个常见的传感器,分别为加速传感器、重力传感器、陀螺仪传感器、线性加速传感器、方向传感器、磁场传感器、距离传感器和光线传感器。

6.3.1 加速传感器

Sensor.TYPE_ACCELEROMETER 常量表示加速传感器,简称G-sensor,该传感器可以为应用程序提供设备的移动状态和位置状态的数据。该传感器返回X、Y、Z三轴的加速度数值。通过这些数据可以做很多有趣的事情,使移动设备更加智能。

该数值包含地心引力的影响,单位是 m/s^2。将手机平放在桌面上,X轴默认为 0,Y轴默认为 0,Z轴默认为 9.81;将手机朝下放在桌面上,Z轴为 -9.81;将手机向左倾斜,X轴为正值;将手机向右倾斜,X轴为负值;将手机向上倾斜,Y轴为负值;将手机向下倾斜,Y轴为正值。手机中常用的加速传感器有 BOSCH(博世)的 BMA 系列、AMK 的 897X 系列、ST 的 LIS3X 系列等。

6.3.2 重力传感器

Sensor.TYPE_GRAVITY 常量表示重力传感器,简称GV-sensor,它不是一个真正的硬件传感器。该传感器返回X、Y、Z轴的重力大小。在地球上,重力数值为 9.8,单位是 m/s^2。要获取默认的重力传感器可以使用以下的代码：

```
SensorManager mSensorManager;
Sensor mSensor;
......
mSensorManager=(SensorManager) getSystemService(SENSOR_SERVICE);
mSensor=mSensorManager.getDefaultSensor(Sensor.TYPE_GRAVITY);
```

6.3.3 陀螺仪传感器

Sensor.TYPE_GYROSCOPE常量表示陀螺仪传感器，简称Gyro-sensor，该传感器用于感应手机的旋转速度。该传感器会返回当前设备的X、Y、Z三个坐标轴的旋转速度。旋转速度的单位是radians/second，旋转速度为正值代表逆时针旋转，为负值代表顺时针旋转。关于返回的3个角速度说明如下。

（1）第一个值：代表该设备绕X轴旋转的角速度。

（2）第二个值：代表该设备绕Y轴旋转的角速度。

（3）第三个值：代表该设备绕Z轴旋转的角速度。

要获取默认的陀螺仪传感器可以使用以下的代码：

```
SensorManager mSensorManager;
Sensor mSensor;
......
mSensorManager=(SensorManager) getSystemService(SENSOR_SERVICE);
mSensor=mSensorManager.getDefaultSensor(Sensor.TYPE_GYROSCOPE);
```

6.3.4 线性加速传感器

Sensor.TYPE_LINEAR_ACCELERATION常量表示线性加速度传感器，简称LA-sensor，它是加速度传感器减去重力影响获取的数据，单位为m/s^2。加速度、重力和线性加速度的计算公式如下：

加速度=重力+线性加速度

要获取默认的线性加速传感器可以使用以下的代码：

```
SensorManager mSensorManager;
Sensor mSensor;
......
mSensorManager=(SensorManager) getSystemService(SENSOR_SERVICE);
mSensor=mSensorManager.getDefaultSensor(Sensor.TYPE_LINEAR_
ACCELERATION);
```

6.3.5 方向传感器

Sensor.TYPE_ORIENTATION常量表示方向传感器，简称为O-sensor。该传感器用于感应手机设备的摆放状态，比如手机顶部的朝向、手机目前的倾斜角度等。借助于方向传感器，可以开发指南针、水平仪等。方向传感器会返回3个数据，介绍如下：

（1）azimuth：方位，返回水平时磁北极和Y轴的夹角，范围为0°至360°。

（2）pitch：X轴和水平面的夹角，范围为-180°至180°。当Z轴向Y轴转动时，角度为正值。

（3）roll：Y轴和水平面的夹角，范围为-90°至90°。当X轴向Z轴移动时，角度为正值。

要获取默认的方向传感器可以使用以下的代码：

```
SensorManager mSensorManager;
Sensor mSensor;
……
mSensorManager=(SensorManager) getSystemService(SENSOR_SERVICE);
mSensor=mSensorManager.getDefaultSensor(Sensor.TYPE_
ORIENTATION);
```

6.3.6 磁场传感器

Sensor.TYPE_MAGNETIC_FIELD常量表示磁场传感器，简称为M-sensor。该传感器用于读取手机设备外部的磁场强度。随着手机设备摆放状态的改变，周围磁场在手机的X、Y、Z三个方向上的影响会发生改变。磁场传感器会返回3个数据，分别代表周围磁场分解到X、Y、Z三个方向上的磁场分量，磁场数据的单位是微特斯拉。要获取默认的磁场传感器可以使用以下的代码：

```
SensorManager mSensorManager;
Sensor mSensor;
……
mSensorManager=(SensorManager) getSystemService(SENSOR_SERVICE);
mSensor=mSensorManager.getDefaultSensor(Sensor.TYPE_MAGNETIC_
FIELD);
```

6.3.7 距离传感器

Sensor.TYPE_PROXIMITY常量表示距离传感器，该传感器用于检测设备距离某物体的远近程度，单位是厘米。一些距离传感器只能返回远和近2个状态，最大距离返回远状态，小于最大距离返回近状态。该传感器还可用于接听电话时自动关闭屏幕以节省电量。以下是一个距离传感器的使用代码：

```
public class MainActivity extends AppCompatActivity{
    SensorManager mSensorManager;
    Sensor mSensor;
    SensorEventListener sel=new SensorEventListener() {
```

```
        @Override
        public void onSensorChanged(SensorEvent event) {
            float distance=event.values[0];
//对distance进行判断并作出相应响应
            ......
        }
        @Override
        public void onAccuracyChanged(Sensor sensor, int
accuracy) {
        }
    };
    @Override
    protected void onCreate(Bundle savedInstanceState) {
        super.onCreate(savedInstanceState);
        setContentView(R.layout.activity_main);
        mSensorManager=(SensorManager)
        getSystemService(Context.SENSOR_SERVICE);
        mSensor=mSensorManager.getDefaultSensor(Sensor.TYPE_
            PROXIMITY);
        mSensorManager.registerListener(sel, mSensor,
        SensorManager.SENSOR_DELAY_UI);
    }
    @Override
    protected void onStop() {
        mSensorManager.unregisterListener(sel);
        super.onStop();
    }
}
```

6.3.8 光线传感器

Sensor.TYPE_LIGHT常量表示光线传感器，该传感器用于检测实时的光线强度，它会返回一个数据，代表手机设备周围的光的强度。光强单位是勒克斯（lux），其物理意义是照射到单位面积上的光通量。要获取默认的磁场传感器可以使用以下的代码：

```
SensorManager mSensorManager;
Sensor mSensor;
......
mSensorManager=(SensorManager) getSystemService(SENSOR_SERVICE);
mSensor=mSensorManager.getDefaultSensor(Sensor.TYPE_LIGHT);
```

光强度查看器

光强度查看器

任务描述

（1）在界面显示一个文本视图。

（2）在文本视图中显示光的强度。

任务实施

1. 创建项目

创建 Android 项目，项目名为 LightDemo。

2. 修改 activity_main.xml 文件的代码

打开 activity_main.xml 文件，实现对 TextView 的布局。代码如下：

```xml
<?xml version="1.0" encoding="utf-8"?>
<androidx.constraintlayout.widget.ConstraintLayout
xmlns:android="http://schemas.android.com/apk/res/android"
    xmlns:app="http://schemas.android.com/apk/res-auto"
    xmlns:tools="http://schemas.android.com/tools"
    android:layout_width="match_parent"
    android:layout_height="match_parent"
    tools:context=".MainActivity">
    <TextView
        android:id="@+id/tv"
        android:layout_width="wrap_content"
        android:layout_height="wrap_content"
        app:layout_constraintBottom_toBottomOf="parent"
        app:layout_constraintLeft_toLeftOf="parent"
        app:layout_constraintRight_toRightOf="parent"
        app:layout_constraintTop_toTopOf="parent"/>
</androidx.constraintlayout.widget.ConstraintLayout>
```

3. 修改 MainActivity 文件的代码

打开 MainActivity 文件，编写代码实现光的强度。代码如下（限于篇幅，这里只展示关键代码）：

```java
......
public class MainActivity extends AppCompatActivity {
    ......
    SensorEventListener sel=new SensorEventListener() {
        @Override
        public void onSensorChanged(SensorEvent event) {
            String str;
            str=" 当前的手机范围内的光强度为："+event.values[0];
            tv.setText(str);
        }
```

```
        @Override
        public void onAccuracyChanged(Sensor sensor, int
accuracy) {
        }
    };
    @Override
    protected void onCreate(Bundle savedInstanceState) {
        super.onCreate(savedInstanceState);
        setContentView(R.layout.activity_main);
        tv=(TextView)this.findViewById(R.id.tv);
        //获取SensorManager的实例
        sm=(SensorManager) getSystemService(SENSOR_SERVICE);
        //获取Sensor传感器类型
        s=sm.getDefaultSensor(Sensor.TYPE_LIGHT);
        //注册SensorEventListener
        sm.registerListener(sel, s, SensorManager.SENSOR_DELAY_
FASTEST);
    }
    @Override
    protected void onStop() {
        sm.unregisterListener(sel);
        super.onStop();
    }
}
```

运行程序，效果如图 6-3 所示。

当前的手机范围内的光强度为：32.0

图 6-3　运行效果

知识拓展

1. 模拟器测试具有传感器 App

传感器不仅可以在真机中进行测试，还可以在模拟器中进行测试。如果开发者想要修改传感器的数值，可以在"Extended Controls"界面中选择"Virtual sensors"选项，进入"Virtual sensors"界面，如图 6-4 所示。在此界面的最上方可以看到有 2 个选项卡，分别为"Device Pose"和"Additional sensors"。其中，"Device Pose"选项卡是用来设置加速传感器、陀螺仪传感器、磁力计的（图 6-4 打开的就是"Device Pose"选项卡），而"Additional sensors"选项卡是用来设置其他传感器的。

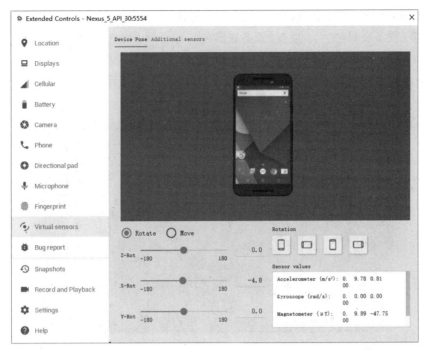

图 6-4 "Virtual sensors" 界面

以下就对这 2 个选项卡进行介绍。

（1）"Device Pose" 选项卡。在 "Device Pose" 选项卡中有 5 大块内容。以下就是对这些内容的介绍。

①Rotate：用来对设备旋转进行设置。此项中提供了 3 个选项，分别为 Z-Rot、X-Rot、Y-Rot。

- Z-Rot：将设备绕 Z 轴旋转。
- X-Rot：将设备绕 X 轴旋转。
- Y-Rot：将设备绕 Y 轴旋转。

②Move：用来对设备的位置进行设置。此项中提供了 3 个选项，分别为 X、Y 和 Z，如图 6-5 所示。

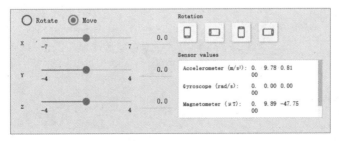

图 6-5 Move

以下就是对这 3 项的介绍。

- X：用来设置设备在 X 轴的位置。
- Y：用来设置设备在 Y 轴的位置。
- Z：用来设置设备在 Z 轴的位置。

③Rotation：用来对设备的方向进行设置。此项中提供了 4 个选项，分别为垂直（设备底部在下）、水平（设备底部在左）、垂直（设备底部在上）、水平（设备底部在右）。

④Sensor values：显示加速传感器、陀螺仪传感器、磁力计及旋转的值。

⑤设备预览区（在 Rotate 选项上方）：可以看到传感器被设置后设备的效果，如图 6-6 所示。

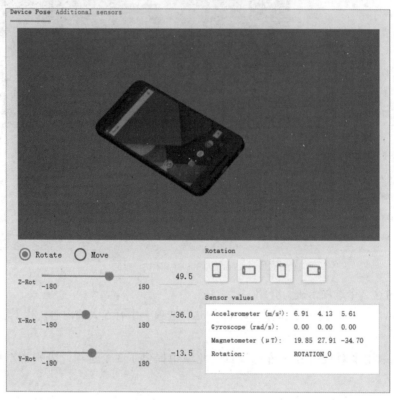

图 6-6　设备预览区

（2）"Additional sensors"选项卡。"Additional sensors"选项卡是用来设置其他传感器的，如图 6-7 所示。

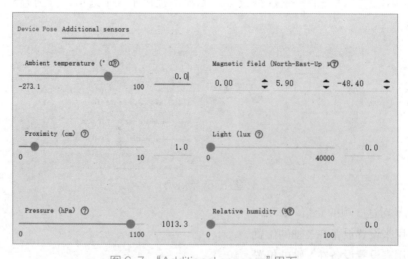

图 6-7　"Additional sensors"界面

在图中，我们可以看到有 6 项内容，以下就是对这 6 项内容的介绍。

①Ambient temperature：用来设置温度传感器。

②Magnetic field：用来设置磁场传感器。

③Proximity：用来设置距离传感器。

④Light：用来设置光线传感器。

⑤Pressure：用来设置压力传感器。

⑥Relative humidity：用来设置相对湿度传感器。

2. 传感器的可用性

传感器的可用性不仅取决于设备，还取决于 Android 版本。这是因为 Android 传感器的引入历经了多个平台版本。例如，许多传感器是在 Android 1.5（API 级别 3）中引入的，但有些传感器直到 Android 2.3（API 级别 9）才实现并可供使用。在 Android 2.3（API 级别 9）和 Android 4.0（API 级别 14）中还引入了多个传感器，其中有 2 个传感器已被弃用，并由更新、更好的传感器取代。表 6-2 总结了每个传感器在不同平台上的可用性。

表 6-2　传感器在不同平台上的可用性

传感器	Android 4.0（API级别 14）	Android 2.3（API级别 9）	Android 2.2（API级别 8）	Android 1.5（API级别 3）
加速传感器	可用	可用	可用	可用
周围温度传感器	可用	不可用	不可用	不可用
重力传感器	可用	可用	不可用	不可用
陀螺仪传感器	可用	可用	不可用[1]	不可用[1]
光线传感器	可用	可用	可用	可用
线性加速传感	可用	可用	不可用	不可用
磁场传感器	可用	可用	可用	可用
方向传感器	可用[2]	可用[2]	可用[2]	可用
压力传感器	可用	可用	不可用[1]	不可用[1]
距离传感器	可用	可用	可用	可用
湿度传感器	可用	不可用	不可用	不可用
旋转向量传感器	可用	可用	不可用	不可用
温度传感器	可用[2]	可用	可用	可用

这里仅列出了 4 个平台，因为只有这些平台涉及传感器更改。被列为弃用的传感器仍可在后续平台上使用（前提是设备上有相关传感器），这符合 Android 的向前兼容性政策。

注意：[1] 表示此传感器类型是在 Android 1.5（API 级别 3）中添加的，但直到 Android 2.3（API 级别 9）才可供使用；[2] 表示此传感器可用，但已被弃用。

本章习题

一、填空题

1. Android 平台提供的传感器可以被分为 3 个大类，分别为 _____、环境传感器和

_____。

2. 传感器框架是 _____ 软件包的一部分。

二、选择题

1. 下列可以获取传感器实例的方法是（   ）。

A. getSystemService()   B. getDefaultSensor()   C. registerListener()   D. 其他

2. 下列表示陀螺仪传感器的常量是（   ）。

A. Sensor.TYPE_GRAVITY   B. Sensor.TYPE_ACCELEROMETER

C. Sensor.TYPE_GYROSCOPE   D. Sensor.TYPE_PROXIMITY

三、判断题

1. Sensor.TYPE_GRAVITY 常量表示重力传感器，简称 GV-sensor。   （   ）

2. 方向传感器会返回 azimuth、pitch 和 roll。   （   ）

四、操作题

实现微信摇一摇功能，当用户摇动手机后，会显示摇到一位好友。

第7章

Android 服务简介

服务（Service）是一个长期运行在后台、没有用户界面的应用组件，即使切换到另一个应用程序或后台，服务也可以正常运行。因此，服务适合执行一段时间不需要显示界面的后台耗时操作，本章将对 Android 服务进行详细的介绍。

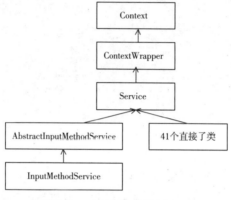

Service 的父类是 ContextWrapper，直接子类有 42 个，如 AbstractInputMethodService、AccessibilityService、AutofillService、CallRedirectionService、CallScreeningService、CameraPrewarm Service、CarrierMessagingClientService、CarrierMessagingService、CarrierService、ChooserTarget Service、CompanionDeviceService、ConditionProviderService、ConnectionService、ControlsProvider Service、DeviceAdminService 等，间接子类有 1 个即 InputMethodService。Service 的系统结构如图 7-1 所示。

图 7-1　Service 系统结构图

7.1　Service 的创建和注册

本节将对 Service 的创建和注册进行讲解。

7.1.1　创建 Service

创建 Android 项目创建完成之后，默认是没有 Service 的，需要开发者手动创建。以下是具体的操作步骤。

（1）右击项目，弹出菜单，选择 "New|Service|Service" 命令。

注意：Android 中共提供了 2 种 Service 类型，分别为 Service 和 Service(IntentService)。

（2）弹出"New Android Component"对话框，直接选择默认即可，如图 7-2 所示。

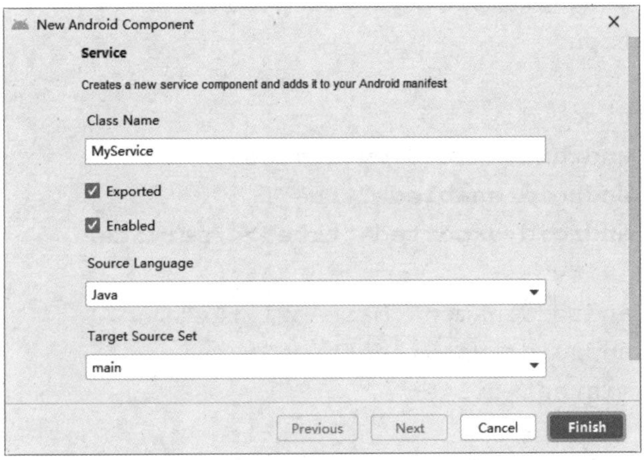

图 7-2 "New Android Component"对话框

> 注意：在此界面中有 2 个复选框：Exported 指示该服务是否能够被其他应用程序组件调用或跟它交互；Enabled 指示是否可以被系统实例化。

（3）点击"Finish"按钮，实现对 Service 的创建。新建的 Service 名称为"MyService"，对应保存在 java 文件夹中，代码如下：

```java
package com.example.myapplication;
import android.app.Service;
import android.content.Intent;
import android.os.IBinder;
public class MyService extends Service {
    public MyService() {
    }
    @Override
    public IBinder onBind(Intent intent) {
        // TODO: Return the communication channel to the
service.
        throw new UnsupportedOperationException("Not yet
implemented");
    }
}
```

7.1.2 注册 Service

启动 Service 之前，必须在 AndroidManifest 注册文件中注册 Service，否则系统将无法找到 Service。该文件中的代码如下：

```xml
<?xml version="1.0" encoding="utf-8"?>
<manifest xmlns:android="http://schemas.android.com/apk/res/
```

```
android"
    package="com.example.myapplication">
    <application
        ......>
        <service
            android:name=".MyService"
            android:enabled="true"
            android:exported="true"></service>
        <activity
            android:name=".MainActivity"
            android:exported="true">
            <intent-filter
            ......
            </intent-filter>
        </activity>
    </application>
</manifest>
```

以下是对加粗代码的介绍。

（1）android:name：对应 Service 类名。

（2）android:enabled：是否可以被系统实例化，默认为 true。因为父标签也有 enable 属性，所以必须 2 个都为默认值 true 的情况下服务才会被激活，否则服务不会被激活。

（3）android:exported：代表是否能被其他应用隐式调用，其默认值是由 service 中有无 intent-filter 决定的，如果有 intent-filter，则默认值为 true，否则为 false。默认值为 false 的情况下，即使有 intent-filter 匹配，也无法打开，即无法被其他应用隐式调用。

> 注意：一般使用 7.1.1 小节中的方式创建 Service 后，系统会自动地对该服务进行注册。

启动和停止 Service

在对 Service 进行创建和注册后，就可以启动该 Service 了。本节将介绍如何启动 Service 及如何停止 Service。

7.2.1 启动 Service

启动 Service 可以有 2 种方式，分别为调用 startService() 方法和调用 bindService() 方法。下面依次介绍这 2 种方式。

1. 调用 startService() 方法

调用 startService() 方法可以启动 Service，该方法会传入 Intent 对象，通过 startService 方式启动 Service，Service 会长期在后台运行，并且服务的状态与开启者的状态没有关系，即便启动服务的组件已经被销毁，服务也依旧会运行。该方法的形式如下：

```
startService(Intent service)
```

2. 调用bindService()方法

通过bindService()方法启动服务，服务会与组件进行绑定。一个被绑定的服务提供一个客户端与服务器接口，允许组件与服务进行交互，发送请求，得到结果。多个组件可以绑定一个服务。该方法的形式如下：

```
bindService(Intent service, ServiceConnection conn, int flags)
```

参数介绍如下。

（1）service：用于指定要启动的Service。

（2）conn：用于监听调用者与Service之间的连接状态。当调用者与Service连接成功时，将回调该对象的onServiceConnected()方法；断开连接时，将回调该对象的onServiceDisconnected()方法。

（3）flags：指绑定时是否自动创建Service（如果Service还未创建）。可指定为 0，即不自动创建；也可指定为 "BIND_AUTO_CREATE"，即自动创建。

7.2.2 停止 Service

启动Service方式的不同，停止Service的方式也不同，可以是调用stopService()方法、stopSelf()方法和调用unbindService()方法。其中，调用stopService()方法和stopSelf()方法可以停止通过调用startService()方法启动的Service；调用unbindService()方法可以停止通过调用bindService()方法启动的Service。

 任务 7-1

实现服务的开启和停止

任务描述

（1）显示一个启动和停止服务的界面，此界面包含 2 个按钮，一个 "启动服务" 按钮和一个 "停止服务" 按钮。

（2）点击 "启动服务" 按钮启动服务；点击 "停止服务" 按钮停止启动的服务。

任务实施

1. 创建项目

创建 Android 项目，项目名为 StartServiceDemo。

2. 创建 Service

创建一个 Service，命名为 MyService。

3. 修改 MyService 文件的代码

在 MyService 文件中实现显示消息提醒，代码如下：

```
package com.example.startservicedemo;
import android.app.Service;
```

实现服务的
开启和停止

```
import android.content.Intent;
import android.os.IBinder;
import android.widget.Toast;
public class MyService extends Service {
    public MyService() {
    }
    @Override
    public IBinder onBind(Intent intent) {
        throw new UnsupportedOperationException("Not yet
implemented");
    }
    @Override
    public void onCreate() {
        super.onCreate();
        Toast.makeText(getBaseContext(), "onCreate", Toast.
LENGTH_SHORT).show();    //显示消息提醒
    }
    @Override
    public int onStartCommand(Intent intent, int flags, int
startId) {
        Toast.makeText(getBaseContext(), "onStart", Toast.
LENGTH_SHORT).show();
        return super.onStartCommand(intent, flags, startId);
    }
    @Override
    public void onDestroy() {
        super.onDestroy();
        Toast.makeText(getBaseContext(), "onDestroy", Toast.
LENGTH_SHORT).show();
    }
}
```

4. 修改 activity_main.xml 文件的代码

在activity_main.xml文件中实现对界面的布局，代码如下：

```xml
<?xml version="1.0" encoding="utf-8"?>
<LinearLayout xmlns:android="http://schemas.android.com/apk/res/
android"
    android:orientation="vertical"
    android:layout_width="fill_parent"
    android:layout_height="fill_parent">
    <Button
        android:layout_width="fill_parent"
        android:layout_height="wrap_content"
        android:text="启动服务"
```

```
                android:id="@+id/btn1"/>
        <Button
                android:layout_width="fill_parent"
                android:layout_height="wrap_content"
                android:text="停止服务"
                android:id="@+id/btn2"/>
    </LinearLayout>
```

5. 修改 MainActivity 文件的代码

打开 MainActivity 文件，编写代码，实现服务的启动和停止。代码如下（限于篇幅，这里只展示关键代码）：

```
    ......
    public class MainActivity extends AppCompatActivity {
        Button btn1;
        Button btn2;
        MyService mService;
        @Override
        protected void onCreate(Bundle savedInstanceState) {
            super.onCreate(savedInstanceState);
            setContentView(R.layout.activity_main);
            ......
            btn1.setOnClickListener(new View.OnClickListener()
            {
                @Override
                public void onClick(View v)
                {
                    Intent i=new Intent(MainActivity.this,MyService.
                        class);
                    startService(i);               //启动服务
                }
            });
            btn2.setOnClickListener(new View.OnClickListener()
            {
                @Override
                public void onClick(View v)
                {
                    Intent i=new Intent(MainActivity.this,MyService.
                        class);
                    stopService(i);                //结束服务
                }
            });
        }
    }
```

运行程序，初始效果如图 7-3 所示。点击"启动服务"按钮，会在界面的最下方显示一个 onCreate 的消息提醒，一段时间后会显示 onStart 的消息提醒。点击"停止服务"按钮，会显示一个 onDestroy 的消息提醒。

图 7-3　初始效果

注意：onCreate 的消息提醒之后在服务创建时出现一次。如果在点击"停止服务"按钮后，再一次点击"启动服务"按钮，会显示 onStart 的消息提醒。

Service 的生命周期

从上面的代码中看到在 Service 中会重写一些方法，这些方法就是 Service 的生命周期回调方法，它们覆盖了 Service 生命周期的每一个环节，如图 7-4 所示。

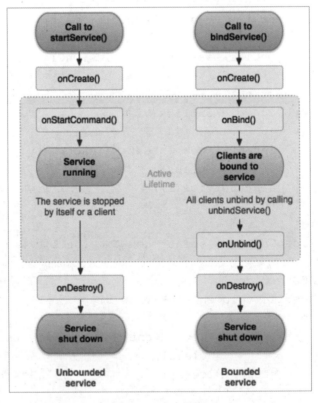

图 7-4　生命周期

在图中可以看到 2 条生命周期线，这是 Service 启动方式的不同导致的。

1. 调用 startService() 方法启动服务

它的生命周期如下：

```
onCreate()→ onStartCommand()→onDestroy()
```

这就是一个服务完整的生命流程，如果重复 startService()，则不会进入 onCreate() 方法，而是直接调用 onStartCommand() 方法。

2. 调用 bindService() 方法启动服务

它的生命周期如下：

```
onCreate()→ onBind()→ onUnbind()→ onDestroy()
```

同样地，开始必须执行 onCreate() 方法，接着执行 onBind() 方法进行绑定，结束时，首先调用 onUnbind() 方法解除绑定，再调用 onDestroy() 方法销毁服务。

3. startService() 和 bindService() 两种方法交叉调用

（1）先 startService 后 bindService 的生命周期如下：

```
onCreate()→onStartCommand()→onBind()→onUnbind()→onDestroy()
```

（2）先 bindService 后 startService 的生命周期如下：

```
onCreate()→ onBind()→ onStartCommand()→onUnbind()→onDestroy()
```

4. 先解绑再绑定服务

它的生命周期如下：

```
onUnbind(ture)→ onRebind()
```

表 7-1 是对 Service 中方法的介绍。

表 7-1　Service 中的方法

方法	功能
onCreate()	首次创建服务时，系统会［在调用 onStartCommand() 方法或 onBind() 方法之前］调用此方法来执行一次性设置程序。如果服务已在运行，则不会调用此方法
onStartCommand()	当另一个组件（如 Activity）请求启动服务时，系统会通过调用 startService() 方法来调用此方法。执行此方法时，服务即会启动并可在后台无限期运行。如果实现此方法，则在服务工作完成后，需通过调用 stopSelf() 方法或 stopService() 方法来停止服务
onBind()	当另一个组件想要与服务绑定（例如执行 RPC）时，系统会通过调用 bindService() 方法来调用此方法。在此方法的实现中，必须通过返回 IBinder 提供一个接口，以供客户端用来与服务进行通信；但是，如果并不希望允许绑定，则应返回 null
onRebind()	当旧的组件与服务解绑后，另一个新的组件与服务绑定，onUnbind() 方法返回 true 时，系统将调用此方法

续表

方法	功能
onUnbind()	当另一个组件通过调用unbindService()方法与服务解绑时，系统将调用此方法
onDestroy()	当不再使用服务且准备将其销毁时，系统会调用此方法。服务应通过实现此方法来清理所有资源，如线程、注册的侦听器、接收器等。这是服务接收的最后一个调用

监听调用
bindService()方
法启动服务的生
命周期

监听调用bindService()方法启动服务的生命周期

任务描述

（1）调用Service的生命周期方法。

（2）使用Log.i()方法显示日志信息。

任务实施

1. 创建项目

创建Android项目，项目名为BindServiceDemo。

2. 创建Service

创建一个Service，命名为MyService。

3. 修改MyService文件的代码

在MyService文件中实现输出日志信息，代码如下（限于篇幅，这里只展示关键代码）：

```
......
public class MyService extends Service {
    private final IBinder binder=new MyBinder();
    private final String  TAG="MyService";
    public MyService() {
    }
    public class MyBinder extends Binder
    {
        MyService getService()
        {
            return MyService.this;
        }
    }
//当另一个组件想要与服务绑定（例如执行RPC）时，系统会通过调用
bindService()方法来调用此方法
    @Override
    public IBinder onBind(Intent intent) {
        Log.i(TAG,"=======>onBind");
        return binder;
    }
//当旧的组件与服务解绑后，另一个新的组件与服务绑定，onUnbind()方法返回
```

true 时，系统将调用此方法

```
    @Override
    public void onRebind(Intent intent)
    {
        Log.i(TAG,"=======>onRebind");
        super.onRebind(intent);
    }
```

// 首次创建服务时，系统会（在调用 onStartCommand() 方法或 onBind() 方法之前）调用此方法

```
    @Override
    public void onCreate()
    {
        Log.i(TAG,"=======>onCreate");
        super.onCreate();
    }
```

// 当另一个组件（如 Activity）请求启动服务时，系统会通过调用 startService() 方法来调用此方法

```
    @Override
    public int onStartCommand(Intent intent, int flags, int startId)
    {
        Log.i(TAG,"=======>onStartCommand");
        return super.onStartCommand(intent, flags, startId);
    }
```

// 当不再使用服务且准备将其销毁时，系统会调用此方法

```
    @Override
    public void onDestroy()
    {
        Log.i(TAG,"=======>onDestroy");
        super.onDestroy();
    }
```

// 当另一个组件通过调用 unbindService() 方法与服务解绑时，系统将调用此方法

```
    @Override
    public boolean onUnbind(Intent intent)
    {
        Log.i(TAG,"=======>onUnBind");
        return super.onUnbind(intent);
    }
}
```

4. 修改 activity_main.xml 文件的代码

在 activity_main.xml 文件中实现对界面的布局，代码如下：

```
<?xml version="1.0" encoding="utf-8"?>
<LinearLayout xmlns:android="http://schemas.android.com/apk/res/
```

```
android"
    android:orientation="vertical"
    android:layout_width="fill_parent"
    android:layout_height="fill_parent">
    <Button
        android:layout_width="fill_parent"
        android:layout_height="wrap_content"
        android:text="绑定服务"
        android:id="@+id/btn1"/>
    <Button
        android:layout_width="fill_parent"
        android:layout_height="wrap_content"
        android:text="解绑服务"
        android:id="@+id/btn2"/>
</LinearLayout>
```

5. 修改 MainActivity 文件的代码

打开 MainActivity 文件，编写代码，监听生命周期。代码如下（限于篇幅，这里只展示关键代码）：

```
......
public class MainActivity extends AppCompatActivity {
    ......
    @Override
    protected void onCreate(Bundle savedInstanceState) {
        super.onCreate(savedInstanceState);
        setContentView(R.layout.activity_main);
        mConnection=new ServiceConnection()
        {
            @Override
            public void onServiceDisconnected(ComponentName name)
            {
                mService=null;
            }
            @Override
            public void onServiceConnected(ComponentName name,
                                        IBinder service)
            {
                mService=((MyService.MyBinder) service).
                        getService();
            }
        };
        ......
        btn1.setOnClickListener(new View.OnClickListener()
        {
```

```
        @Override
        public void onClick(View v)
        {
            Intent i=new Intent(MainActivity.this,
                    MyService.class);
            bindService(i,mConnection,
                    Context.BIND_AUTO_CREATE);//开启服务
        }
    });
    btn2.setOnClickListener(new View.OnClickListener()
    {
        @Override
        public void onClick(View v)
        {
            Intent i=new Intent(MainActivity.this,
                    MyService.class);
            unbindService(mConnection);    //停止服务
        }
    });
    }
}
```

运行程序，点击"绑定服务"按钮，会在"Logcat"面板中输出以下内容：：

```
MyService: =======>onCreate
MyService: =======>onBind
```

点击"解除绑定"按钮，会在"Logcat"面板中输出以下内容：

```
MyService: =======>onUnBind
MyService: =======>onDestroy
```

 任务 7-3

 实现一个计时器

实现一个计时器

任务实施

（1）显示一个计数器界面，其中包含 1 个 TextView，用于显示时间，以及 2 个按钮：一个"开始计时"按钮和一个"结束计时"按钮。

（2）点击"开始计时"按钮实现计时开始。

（3）点击"结束计时"按钮实现计时结束。

任务实现

1.创建项目

创建 Android 项目，项目名为 TimerDemo。

2. 创建Service

创建一个Service，命名为MyService。

3. 修改MyService文件的代码

在MyService文件中添加以下代码：

```
……
public class MyService extends Service {
    private volatile boolean threadDisable;
    Thread timeThread=new Thread();
    public static int count;
    private LocalBinder binder=new LocalBinder();
    public class LocalBinder extends Binder {
        // 声明一个方法，即getService()方法（提供给客户端调用）
        MyService getService() {
            return MyService.this;
        }
    }
    @Override
    public IBinder onBind(Intent intent) {
        return this.binder;
    }
    @Override
    public boolean onUnbind(Intent intent) {
        return super.onUnbind(intent);
    }
    public int onStartCommand(Intent intent, int flags, int
                              startId) {
        // Let it continue running until it is stopped.
        Toast.makeText(this, "开始计时",
                    Toast.LENGTH_LONG).show();
        count=0;
        new Thread(new Runnable() {
            @Override
            public void run() {
                while (!threadDisable) {
                    try {
                        timeThread.sleep(10);
                    } catch (InterruptedException e) {
                        e. printStackTrace();
                        break;
                    }
                    count++;
                    Log.v("countservice", "now:"+count);
                }
```

```
        }
    }).start();
    return START_STICKY;
}
@Override
public void onDestroy() {
    this.threadDisable=true;
    super.onDestroy();
    Toast.makeText(this, "计时结束", Toast.LENGTH_LONG).show();
}
public int getCount() {
    return count;
}
public void clear() {
    count=0;
}
}
```

4. 修改 activity_main.xml 文件的代码

在 activity_main.xml 文件中实现对界面的布局，代码如下：

```xml
<?xml version="1.0" encoding="utf-8"?>
<LinearLayout xmlns:android="http://schemas.android.com/apk/res/
android"
    android:orientation="vertical"
    android:layout_width="fill_parent"
    android:layout_height="fill_parent">
    <TextView
        android:id="@+id/tv"
        android:layout_width="fill_parent"
        android:layout_height="wrap_content"
        android:layout_marginTop="160dp"
        android:text="点击按钮开始计时"
        android:gravity="center"
        android:textSize="36sp"/>
    <Button
        android:id="@+id/btstar"
        android:layout_width="fill_parent"
        android:layout_height="wrap_content"
        android:text="开始计时"
        android:layout_marginTop="53dp"/>
    <Button
        android:id="@+id/btend"
        android:layout_width="fill_parent"
        android:layout_height="wrap_content"
```

```
        android:text="结束计时"
        android:layout_marginTop="53dp"/>
</LinearLayout>
```

5. 修改 MainActivity 文件的代码

打开 MainActivity 文件，编写代码，实现控制计时器的功能。代码如下（限于篇幅，这里只展示关键代码）：

```
......
public class MainActivity extends AppCompatActivity {
    private MyService myService;
    private Timer time=new Timer();
    private ServiceConnection conn;
    @Override
    protected void onCreate(Bundle savedInstanceState) {
        ......
        final Intent t=new Intent(MainActivity.this, MyService.
                                  class);
        conn=new ServiceConnection() {
            @Override
            public void onServiceConnected(ComponentName name,
                                           IBinder service) {
                MyService.LocalBinder binder=(MyService.
                    LocalBinder) service;      //获取服务对象
                myService=binder.getService();
            }
            @Override
            public void onServiceDisconnected(ComponentName
                                                     name) {
                myService=null;
            }
        };
        //开始计时
        star.setOnClickListener(new View.OnClickListener() {
            public void onClick(View view) {
                Log.v("service", "star");
                bindService(t, conn, Service.BIND_AUTO_CREATE);
                startService(t);
                TimerTask timerTask=new TimerTask() {
                    @Override
                    public void run() {

                        runOnUiThread(new Runnable() {
                            @Override
                            public void run() {
```

```
                                        tv.setText(showtime(myService.
                                            count));
                                }
                            });
                        }
                    };
                    if (time==null){
                        time=new Timer();
                    }
                    time.schedule(timerTask,0,10);
                }
            });
            //结束计时
            end.setOnClickListener(new View.OnClickListener() {
                public void onClick(View view) {
                    unbindService(conn);
                    stopService(t);
                }
            });
    }
    //显示时间
        private String showtime(int t)
        {
            int s=(t/100)%60;
            int m=(t/6000)%60;
            int ms=t%100;
            return String.format(Locale.CHINA,"%02d : %02d :
    %02d",m,s,ms);
        }
}
```

运行程序,初始效果如图 7-5 所示。点击"开始计时"按钮实现计时开始,如图 7-6 所示。

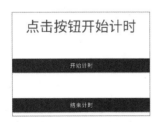

图 7-5 初始效果

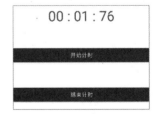

图 7-6 开始计时

知识拓展

由于大多数启动服务无须同时处理多个请求（实际上，这种多线程情况可能很危险），因此最佳选择是利用 IntentService 类实现服务。IntentService 类会执行以下操作。

（1）创建默认的工作线程，用于在应用的主线程外执行传递给 onStartCommand() 方法的所有 Intent。

（2）创建工作队列，用于将 Intent 逐一传递给 onHandleIntent() 方法实现，这样就永远不必担心多线程问题。

（3）在处理完所有启动请求后停止服务，因此永远不必调用 stopSelf() 方法。

（4）提供 onBind() 方法的默认实现（返回 null）。

（5）提供 onStartCommand() 方法的默认实现，可将 Intent 依次发送到工作队列和 onHandleIntent() 方法实现。

本章习题

一、填空题

1. Service 的父类是_____。

2. Service 的间接子类是_____。

二、选择题

1. Service 的直接子类的个数是（　　　）。

A. 42 个　　　　　　　　B. 43 个　　　　　　　　C. 52 个　　　　　　　　D. 53 个

2. 首次创建服务时调用的方法是（　　　）。

A. onCreate()　　　　　B. onStartCommand()　　C. onBind()　　　　　　D. onDestroy()

三、判断题

1. 不管使用哪种方式启动 Service，它的生命周期都是一样的。　　　　　　　　　（　　　）

2. 调用 startService() 方法断开服务绑定时执行的方法是 onUnbind()。　　　　　　（　　　）

四、操作题

监听调用 startService() 方法启动服务的生命周期。

第 8 章

Android 广播简介

在 Android 中，广播是一种可以跨进程的通信方式，是运用在应用程序之间传递消息的机制。它允许应用接收来自各处的广播消息，如电话、短信等；同样，它可以向外发出广播消息，例如，电池电量低时会发送一条提示广播。本章将对如何发送广播和接收广播进行讲解。

1. 广播特性

要过滤并接收广播中的消息就需要使用 BroadcastReceiver（它是 Android 的 4 个组件之一）。广播具有以下特性：

（1）广播接收器的生命周期是非常短暂的，在接收到广播的时候创建，在 onReceive() 方法结束之后销毁。

（2）在广播接收器中不要做一些耗时的工作，否则会弹出"Application No Response 错误"对话框。

（3）不要在广播接收器中创建子线程，因为广播接收器被销毁后，进程就成为空进程，很容易被系统杀掉。

2. 广播分类

广播大致可以分为 2 类，介绍如下。

（1）普通广播（自定义广播）：普通广播是完全异步的，消息传递效率比较高，但所有接收器的执行顺序不确定。所以，它的缺点在于：接收器不能将处理结果传递给下一个接收器，并且无法终止广播 Intent 的传播，因为直到没有匹配的接收器，广播才能停止传播。

（2）有序广播：Android 中的有序广播，也是一种比较常用的广播，该广播主要有以下特性。

①按照接收器的优先顺序来接收广播，优先级别在 intent-filter 中的 priority 中声明，其值在 -1000 到 1000，值越大优先级越高。

②可以终止广播的继续传播，接受器可以修改 intent 的内容。

③同级别接收顺序是随机的，级别低的后收到。

④能截断广播的继续传播，高级别的广播接收器接收广播后能决定何时截断。

⑤同级别动态注册高于静态注册。

8.1 发送广播

本节将讲解如何发送普通广播和有序广播。

8.1.1 发送普通广播

对于普通广播，可以通过sendBroadcast()方法来发送，该方法的形式如下：

```
sendBroadcast(Intent intent)
```

其中，参数是一个Intent。一个Intent包含的说明信息如下。

（1）Action：操作，要执行的动作的定义。

（2）Data：数据，对于指定动作相关联的数据。

（3）Type：数据类型，对动作的数据类型。

（4）Categoy：类别，对执行动作的附加信息。

（5）Extras：附件信息，其他所有的附加信息。

（6）Component：目标组件，指定目标组件。

接下来让我们详细地了解这些描述信息。

1. Action

Android预定义了许多标准Action。例如，人们最熟悉的ACTION_MAIN的值是"android. intent.action.MAIN"，这个值经常在AndroidManifest.xml文件中出现。它表示当前的Activity是程序的入口，所有系统定义的标准动作见表8-1。

表 8-1 系统标准ACTION

操作	含义
ACTION_MAIN	程序主入口
ACTION_VIEW	向用户显示数据，通常和特定的数据配合使用
ACTION_ATTACH_DATA	关联数据动作，比如将头像关联到联系人
ACTION_EDIT	编辑特定数据的操作
ACTION_PICK	从一组数据中进行选择操作
ACTION_CHOOSER	显示一个Activity选择器以供用户选择
ACTION_GET_CONTENT	让用户选择一类数据
ACTION_DIAL	给用户打电话，配合指定的Data可以触发拨出电话
ACTION_CALL	指定打电话给默认的动作，ACTION_CALL在应用中启动一次呼叫有缺陷，多数应用ACTION_DIAL
ACTION_SEND	给某人发送信息
ACTION_SENDTO	根据数据发送信息给指定的人
ACTION_ANSWER	处理来电
ACTION_INSERT	执行插入数据操作
ACTION_DELETE	执行删除数据操作

操作	含义
ACTION_RUN	运行数据，不管它意味着什么
ACTION_SYNC	指定一次数据同步
ACTION_ PICK_ACTIVITY	与ACTION_CHOOSER类似，不过不能直接启动选中的Activity
ACTION_SEARCH	执行一次搜索
ACTION_WEB_SEARCH	执行一次网络搜索
ACTION_FACTORY_TEST	手机在工厂测试模式下启动的程序主入口

2. Data

Data表示要操作的数据，它是以Uri的形式表示的。以电话为例，以下是一组action/data数据表示的意义。

（1）ACTION_VIEW content://contacts/1：显示电话簿中id为1的联系人的信息。

（2）ACTION_DIAL   content://contacts/1：呼叫电话簿中id为1的联系人。

（3）ACTION_VIEW tel:123：显示号码为123的电话拨出界面。

（4）ACTION_DIAL   tel:123：根据号码123拨出电话。

（5）ACTION_EDIT   content://contacts/1：编辑电话簿中id为1的联系人的信息。

（6）ACTION_VIEW content://contacts/：显示电话簿中所有联系人的信息。

3. Type

通过该属性显式地指明数据的类型。一般情况下Type可以由数据本身进行判定。如果显式指定，则免去了推导过程。

4. Category

Category表示执行动作的附加信息，表8-2列举了系统标准的类别。

表8-2　系统标准执行动作附加信息的类别

类别	含义
CATEGORY_DEFAULT	执行默认操作时设置，在初始化Intent时基本不被使用，只有在filter中才设置
CATEGORY_BROWSABLE	如果一个Activity在浏览器中被安全地调用，就必须有这个类别信息
CATEGORY_TAB	该Intent作为打开一个TabActivity的子Tab时被使用
CATEGORY_ALTERNATIVE	表示当前的Intent是用户正在浏览的可选动作中的一个
CATEGORY_SELECTED_ALTERNATIVE	表示该Intent是用户正在浏览的可选动作的替代选择
CATEGORY_LAUNCHER	该Activity启动时显示在顶层
CATEGORY_INFO	显示包的信息

续表

类别	含义
CATEGORY_HOME	桌面,当手机启动时的第一个 Activity
CATEGORY_PREFERENCE	表示该 Activity 是一个偏好面板

5. Extras

使用 Extras 可以传递一些参数,如发送邮件时将邮件名、正文都添加到 Extras 中,再通过 Intent 传递给 Email 发送 Activity。通过上述信息,我们就可以详细地构造一个 Intent 了。

6. Component

component 表示目标组件。一般情况下,目标组件由 Intent 的相关描述信息进行推导,如果设置了目标组件,则不再进行推导过程,直接打开目标组件。

8.1.2 发送有序广播

sendOrderedBroadcast() 方法用来发送有序广播,该方法最常用的形式如下:

```
sendOrderedBroadcast (Intent intent,
              String receiverPermission,
              BroadcastReceiver resultReceiver,
              Handler scheduler,
              int initialCode,
              String initialData,
              Bundle initialExtras)
```

参数介绍如下。

(1)intent: 指定广播意图。

(2)receiverPermission: 指定字符串表示的权限。

(3)resultReceiver: 指定广播接收者。

(4)scheduler: 指定自定义的 Handler 执行 resultReceiver 的回调,null 则在主线程执行。

(5)initialCode: 为广播的代码设置初始值。

(6)initialData: 为广播的数据设置初始值。

(7)initialExtras: 为广播的附加数据信息设置初始值。

8.2 接收广播

现实生活中的电台发送了广播,如果要收听就必须有一台收音机。Android 中的收音机叫作广播接收器——BroadcastReceiver。每一个广播接收器都必须有一个 Intent 过滤器,用以指定接收怎样的 Intent 广播。要使用 BroadcastReceiver 接收广播需要完成 4 个步骤:创建广播接收器、注册广播接收器、新建 Intent 过滤器、注销广播接收器。本节将详细介绍这 4 个步骤。

8.2.1 创建广播接收器

本小节将讲解 2 种创建广播接收器的方式，分别为另外创建 Broadcast Receiver 文件和在现有文件中创建广播接收器。

1. 另外创建 Broadcast Receiver 文件

以下是另外创建 Broadcast Receiver 文件的操作步骤。

（1）右击项目，弹出菜单，选择 "New|Other|Broadcast Receiver" 命令。

（2）弹出 "New Android Component" 对话框，直接选择默认即可，如图 8-1 所示。

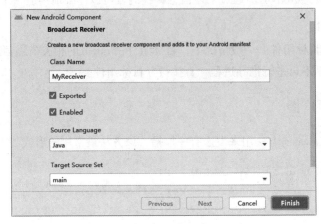

图 8-1 "New Android Component" 对话框

（3）点击 "Finish" 按钮，实现对 BroadcastReceiver 的创建。新生成的 BroadcastReceiver 名称为 "MyReceiver"，对应保存在 java 文件夹中，代码如下：

```java
package com.example.myapplication;
import android.content.BroadcastReceiver;
import android.content.Context;
import android.content.Intent;
public class MyReceiver extends BroadcastReceiver {
    @Override
    public void onReceive(Context context, Intent intent) {
        // TODO: This method is called when the BroadcastReceiver
is receiving
        // an Intent broadcast.
        throw new UnsupportedOperationException("Not yet
implemented");
    }
}
```

注意：onReceive() 方法中只能执行一些短时间的代码，一旦代码执行时间超过 5 秒就会出现超时对话框，所以最好将一些耗时的操作放在一个线程里，或者放在一个 Activity 或 Service 中，再通过 Intent 去启动它们。

2. 在现有文件中创建广播接收器

以下是在现有文件中创建广播接收器的代码：

```
BroadcastReceiver receiver=new BroadcastReceiver()
{
    @Override
    public void onReceive(Context ctx, Intent intent)
    {
        //接收到广播后执行的操作
    }
};
```

8.2.2 注册广播接收器

广播接收器的注册有 2 种方式，分别为静态注册和动态注册。

1. 静态注册

当一直需要接收某种广播时，可以使用静态注册广播接收器的方式。该注册需要在 AndroidManifest.xml 中实现。以监听手机打电话为例子，它的注册代码如下：

```
<receiver android:name=".MyReceiver">
    ......
</receiver>
```

上面的 receiver 表示这个 MyReceiver 是广播接收器。

> 注意：如果是使用第一种方式创建广播接收器，会自动实现静态注册。

2. 动态注册

当不需要一直接收某种广播时，可以使用动态注册广播接收器的方式。该方法需要在 Java 文件中使用 registerReceiver() 方法，该方法的形式如下：

```
registerReceiver(BroadcastReceiver receiver, IntentFilter
filter)
```

其中，receiver 用来指定广播接收器，filter 用来指定 Intent 过滤器。

8.2.3 新建 Intent 过滤器

根据注册广播接收器方式的不同，新建 Intent 过滤器的方式也不同。

1. 静态注册

当静态注册广播接收器时，新建 Intent 过滤器需要在 AndroidManifest.xml 文件中实现，如以下的代码：

```
<receiver android:name=".MyReceiver">
```

```
        <intent-filter>
            <action android:name="android.intent.action.NEW_
OUTGOING_CALL"/>
        </intent-filter>
</receiver>
```

action在8.1.1小节中介绍过了。

2. 动态注册

当动态注册广播接收器时，新建Intent过滤器需要在Java文件中实现，此时需要使用IntentFilter()的构造方法：

```
IntentFilter(String action)
```

新建完成后，可以根据需要添加其他属性，例如，要添加类别属性，可以选用方法：

```
addCategory(String category)
```

8.2.4 注销广播接收器

当不再关注广播时，需要通过unregisterReceiver()方法将接收器注销。方法如下：

```
unregisterReceiver(BroadcastReceiver receiver)
```

实现发送
接收广播

任务 8-1

实现发送接收广播

任务描述

（1）显示一个发送接收广播的界面，此界面中会有一个文本框控件、一个按钮控件和一个文本视图。

（2）在文本框控件中输入内容，点击按钮，会在文本视图中显示文本框中输入的内容，并显示一个消息提醒。

任务实施

1. 创建项目

创建Android项目，项目名为BroadcastDemo。

2. 创建

创建一个Broadcast Receiver文件，命名为MyReceiver。

3. 修改MyReceiver文件的代码

在MyReceiver文件中输入以下代码（限于篇幅，这里只展示关键代码）：

```
......
public class MyReceiver extends BroadcastReceiver {
    @Override
    public void onReceive(Context context, Intent intent) {
        String user_input=intent.getStringExtra("user_input");
```

```
                Toast.makeText(context,"接收到广播，得到参数值为 "+
                            user_input,Toast.LENGTH_SHORT).show();
        }
}
```

4. 修改 activity_main.xml 文件的代码

在 activity_main.xml 文件中实现对界面的布局，代码如下：

```xml
<?xml version="1.0" encoding="utf-8"?>
<RelativeLayout xmlns:android="http://schemas.android.com/apk/
res/android"
    xmlns:tools="http://schemas.android.com/tools"
    android:layout_width="match_parent"
    android:layout_height="match_parent">
    <EditText
        android:layout_width="200dp"
        android:layout_height="wrap_content"
        android:id="@+id/param_input"/>
    <Button
        android:id="@+id/send_button"
        android:layout_width="wrap_content"
        android:layout_height="wrap_content"
        android:layout_toRightOf="@id/param_input"
        android:text="发送 "/>
    <TextView
        android:layout_width="wrap_content"
        android:layout_height="wrap_content"
        android:layout_below="@id/param_input"
        android:text="@null"
        android:id="@+id/view_result"/>
</RelativeLayout>
```

5. 修改 MainActivity 文件的代码

打开 MainActivity 文件，编写代码，实现广播的发送和接收。代码如下（限于篇幅，这里只展示关键代码）：

```java
......
public class MainActivity extends AppCompatActivity {
    private EditText paramText;
    private TextView resultView;
    private final String ACTION_INTENT_TEST="com.example.
broadcastdem.intent";
    Button sendbtn;
    Button cancelbtn;
    MyReceiver myReceiver;
    @Override
```

```
    protected void onCreate(Bundle savedInstanceState) {
        super.onCreate(savedInstanceState);
        setContentView(R.layout.activity_main);
        paramText=(EditText) this.findViewById(R.id.param_
input);
        resultView=(TextView) this.findViewById(R.id.view_
result);
        sendbtn=(Button)findViewById(R.id.send_button);
        cancelbtn=(Button)findViewById(R.id.cancel_button);
        myReceiver=new MyReceiver();
                                    //实例化广播接收器
        IntentFilter intentFilter=new IntentFilter();
                                    //新建IntentFilter
        intentFilter.addAction(ACTION_INTENT_TEST);
        registerReceiver(myReceiver, intentFilter);
                                        //注册广播接收器
        //点击按钮，发送广播
        sendbtn.setOnClickListener(new View.OnClickListener()
        {
            public void onClick(View arg0)
            {
                SendBroadCast();
            }
        });
    }
    //发送广播
    public void SendBroadCast(){
        String param=paramText.getText().toString();
        //创建发送intent
        Intent intent=new Intent(this.ACTION_INTENT_TEST);
        //绑定参数
        intent.putExtra("user_input", param);
        //发送广播
        this.sendBroadcast(intent);
        resultView.setText("发送广播成功，参数值为:"+param);
    }
    @Override
    public void onStop()
    {
        super.onStop();
        unregisterReceiver(myReceiver);         //注销接收器
    }
}
```

运行程序，初始效果如图 8-2 所示。在文本框中输入内容，点击"发送"按钮，会看到如

图 8-3 所示的效果。

图 8-2 初始效果

图 8-3 发送广播

1. 系统广播

系统广播是不需要调用发送方法的，系统会自己发送广播。Android 中内置了多个系统广播，只要涉及手机的基本操作（如开机、网络状态变化、拍照等），都会发出相应的广播，每个广播都有特定的 Intent – Filter（包括具体的 action），Android 常用系统广播 action 及介绍见表 8-3。

表 8-3　常用系统广播

操作	介绍
Intent.ACTION_AIRPLANE_MODE_CHANGED	关闭或打开飞行模式时的广播
Intent.ACTION_BATTERY_CHANGED	充电状态，或者电池的电量发生变化
Intent.ACTION_BATTERY_LOW	电池电量低
Intent.ACTION_BATTERY_OKAY	电池电量充足，即从电量低变化到饱满时会发出广播
Intent.ACTION_BOOT_COMPLETED	在系统启动完成后，这个动作被广播一次
Intent.ACTION_CAMERA_BUTTON	按下拍照按键时发出的广播
Intent.ACTION_CLOSE_SYSTEM_DIALOGS	进行锁屏时（屏幕超时进行锁屏，或者用户按下电源按钮进行锁屏）发出的广播
Intent.ACTION_CONFIGURATION_CHANGED	设备当前设置被改变时发出的广播
Intent.ACTION_DATE_CHANGED	设备日期发生改变时发出的广播
Intent.ACTION_DEVICE_STORAGE_LOW	设备内存不足时发出的广播
Intent.ACTION_DEVICE_STORAGE_OK	设备内存从不足到充足时发出的广播
Intent.ACTION_EXTERNAL_APPLICATIONS_ AVAILABLE	移动 App 完成之后发出的广播

续表

操作	介绍
Intent.ACTION_EXTERNAL_APPLICATIONS_UNAVAILABLE	正在移动 App 时发出的广播
Intent.ACTION_HEADSET_PLUG	在耳机口上插入耳机时发出的广播
Intent.ACTION_INPUT_METHOD_CHANGED	改变输入法时发出的广播
Intent.ACTION_LOCALE_CHANGED	设备当前区域设置已更改时发出的广播
Intent.ACTION_MANAGE_PACKAGE_STORAGE	处于用户和包管理所承认的低内存状态时发出的广播
Intent.ACTION_MEDIA_BAD_REMOVAL	未正确移除 SD 卡发出的广播
Intent.ACTION_MEDIA_BUTTON	按下 "Media Button" 按键时发出的广播
Intent.ACTION_MEDIA_CHECKING	插入外部储存装置时发出的广播
Intent.ACTION_MEDIA_EJECT	已拔掉外部大容量储存设备时发出的广播
Intent.ACTION_MEDIA_MOUNTED	插入 SD 卡并且已正确安装时发出的广播
Intent.ACTION_MEDIA_SCANNER_SCAN_FILE	请求媒体扫描仪扫描文件并将其添加到媒体数据库时发出的广播
Intent.ACTION_MEDIA_SCANNER_STARTED	开始扫描介质的一个目录时发出的广播
Intent.ACTION_PACKAGE_ADDED	成功地安装 APK 时发出的广播
Intent.ACTION_PACKAGE_CHANGED	一个已存在的应用程序包已经改变时发出的广播
Intent.ACTION_PACKAGE_DATA_CLEARED	清除一个应用程序的数据时发出的广播
Intent.ACTION_PACKAGE_INSTALL	触发一个下载并且完成安装时发出的广播
Intent.ACTION_PACKAGE_REMOVED	成功地删除某个 APK 之后发出的广播
Intent.ACTION_PACKAGE_REPLACED	替换一个现有的安装包时发出的广播（不管现在安装的 App 比之前的新还是旧）
Intent.ACTION_PACKAGE_RESTARTED	用户重新开始一个包时发出的广播
Intent.ACTION_POWER_CONNECTED	插上外部电源时发出的广播
Intent.ACTION_POWER_DISCONNECTED	已断开外部电源连接时发出的广播
Intent.ACTION_REBOOT	重启设备时发出的广播
Intent.ACTION_SCREEN_OFF	屏幕被关闭之后发出的广播
Intent.ACTION_SCREEN_ON	屏幕被打开之后发出的广播
Intent.ACTION_SHUTDOWN	关闭系统时发出的广播
Intent.ACTION_TIMEZONE_CHANGED	时区发生改变时发出的广播
Intent.ACTION_TIME_CHANGED	时间被设置时发出的广播
Intent.ACTION_TIME_TICK	当前时间已经变化（正常的时间流逝）时发出的广播
Intent.ACTION_UID_REMOVED	一个用户 ID 已经从系统中移除时发出的广播
Intent.ACTION_UMS_CONNECTED	设备已进入 USB 大容量储存状态时发出的广播

续表

操作	介绍
Intent.ACTION_UMS_DISCONNECTED	设备已从USB大容量储存状态转为正常状态时发出的广播
Intent.ACTION_WALLPAPER_CHANGED	设备墙纸已改变时发出的广播
Intent.ACTION_USER_PRESENT	用户唤醒设备时发出的广播
Intent.ACTION_NEW_OUTGOING_CALL	拨打电话时发出的广播

2. 广播接收器静态注册方式与动态注册方式差异

（1）静态注册：静态注册依附于清单文件，只要App启动过一次，所静态注册的广播就会生效，无论当前的App处于停止使用还是正在使用状态。只要相应的广播事件发生，系统就会遍历所有的清单文件，通知相应的广播接收器接收广播，然后调用广播接收器的onReceiver()方法。

（2）动态注册：当应用程序关闭后，就不再进行监听。如果广播接收器是在Activity中进行的注册和注销，则生命周期是跟随该Activity的。应用程序是否省电，决定了该应用程序的受欢迎程度，所以，对于那些没必要在程序关闭后仍然进行监听的Receiver，在代码中进行注册无疑是一个明智的选择。

（3）静态注册的广播传播速度要远远慢于动态注册的广播传播速度。

3. 使用adb shell命令发送广播

开发者除了可以使用8.1节中介绍的方法发送广播外，还可以使用adb shell命令发送广播，用于调试程序。例如，以下的命令可以发送一个恢复出厂设置的广播：

```
adb shell
am broadcast -a android.intent.action.MASTER_CLEAR
```

按下回车后，会看到如图 8-4 所示的效果。

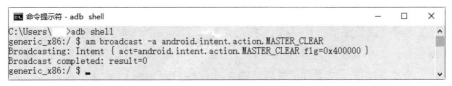

图 8-4 "命令提示符"窗口

> 注意：在上面的命令中 -a 表示action。除了 -a 之外，还有其他参数，介绍如下。
> （1）[-d <DATA_URI>]：数据，表示对于指定动作相关联的数据。
> （2）[-t <MIME_TYPE>]：数据类型，表示对动作的数据类型。
> （3）[-c <CATEGORY> [-c <CATEGORY>] ...]：类别，对执行动作的附加信息。
> （4）[-el--es <EXTRA_KEY> <EXTRA_STRING_VALUE> ...]：附加信息，表示使用字符串类型的键值对。
> （5）[--ez <EXTRA_KEY> <EXTRA_BOOLEAN_VALUE> ...]：附加信息，表示boolean

类型的键值对。

（6）[-el--ei <EXTRA_KEY> <EXTRA_INT_VALUE> ...]：附加信息，表示int类型的键值对。

（7）[-n <COMPONENT>]：表示目标组件。

（8）[-f <FLAGS>] [<URI>]：表示flags。

本章习题

一、填空题

1. 广播接收器的注册方式分为 _____ 注册和 _____ 注册。

2. 要过滤并接收广播中的消息需要使用 _____。

二、选择题

1. 下列注销广播接收器的方法是（　　　）。

A. unregisterReceiver()　　　　　　　　B. sendBroadcast()

C. registerReceiver()　　　　　　　　　D. 其他

2. 发送普通广播使用的方法是（　　　）。

A. sendBroadcast()　　　　　　　　　　B. sendOrderedBroadcast()

C. registerReceiver()　　　　　　　　　D. 其他

三、判断题

1. 广播接收器的生命周期是非常短暂的，在接收到广播的时候创建。　　　　（　　　）

2. Android中广播接收器必须在清单文件里面注册。　　　　　　　　　　（　　　）

四、操作题

实现使用广播发送姓名，并接收。

注意：在此题中，需要有一个界面，在此界面中，有一个文本框控件、一个按钮控件和一个文本视图控件，文本框控件用来输入名称，在输入名称后点击按钮控件实现广播的发送，如果发送成功，会在文本视图中显示"发送广播成功，姓名为***"，并且会在消息提醒框中显示接收到的广播。

第9章

Android 的数据持久化

数据持久化指把数据永久保存起来。Android提供了3种保存数据的方式，即SharedPreferences（共享首选项）、文件存储及SQLite数据库。本章将介绍这3种方式。

知识入门

1. SharedPreferences 支持的数据类型

SharedPreferences 是在 Android 中用来存储一些轻量级数据的，如一些开机欢迎语、用户名、密码等。它位于 Acticity 级别，并可以被该程序的所有 Activity 共享。它支持的数据类型包括布尔型（Boolean）、浮点型（Float）、整型（Int）、长整型（Long）、字符串（String）。

2. SharedPreferences 数据保存的位置

SharedPreferences 保存的数据都存储在 Android 文件系统目录中的 /data/data /<package name>/shared_prefs 文件夹下的 XML 文件中。

3. SharedPreferences 保存数据的形式

使用 SharedPreferences 存储数据时，数据都是以"键 - 值"对的方式保存的。例如，将 SharedPreferences 的 content.xml 文件导出（content.xml 文件是使用 SharedPreferences 保存数据后的文件），该文件内容如下：

```xml
<?xml version='1.0' encoding='utf-8' standalone='yes' ?>
<map>
    <string name="name">Tom</string>
</map>
```

其中，name 是键，Tom 是值。

4. 文件存储中文件的保存位置

文件保存的路径与 SharedPreferences 的保存路径差不多，位于 /data/data/<package name>/files。

5. 文件存储中文件操作的一些方法

表 9-1 中总结了文件存储中文件操作的一些重要方法。

表 9-1　文件操作的一些重要方法

文件操作的重要方法	含义
openFileInput()	打开应用程序文件以便读取
openFileOutput()	创建应用程序文件以便写入
deleteFile()	通过名称删除文件
fileList()	获得所有位于 /data/data/<package name>/files 下的文件列表
getFileDir()	获得 /data/data/<package name>/files 子目录对象
getCacheDir()	获得 /data/data/<package name>/cache 子目录对象
getDir()	根据名称创建或获取一个子目录

6. ContentProvider介绍

ContentProvider机制可以帮助开发者在多个应用中操作数据，包括存储、修改和删除等。这也是在应用间共享数据的唯一方式。一个ContentProvider类实现了一组标准的方法，具体如下：

```
ContentProvider.insert(Uri arg0, ContentValues arg1)
ContentProvider.query(Uri arg0, String[] arg1, String arg2,
String[] arg3, String arg4)
ContentProvider.update(Uri arg0, ContentValues arg1, String
arg2, String[] arg3)
ContentProvider.delete(Uri arg0, String arg1, String[] arg2)
ContentProvider.getType(Uri arg0)
```

通过这些接口，其他的应用程序可以很方便地对其数据进行操作，而无须关心其数据本身的数据结构，无论是数据库还是文本文件或是音频文件等。

7. ContentResolver介绍

ContentProvider可以将私有数据暴露给其他的应用程序，ContentResolver就是用来获取这些数据的。ContentProvider作为提供者出现，而ContentResolver则作为消费者出现。通过getContentResolver()可以得到当前应用的ContentResolver对象。要实现一个ContentResolver同样需要实现5个方法，与ContentProvider一一对应：

```
ContentResolver. delete(Uri uri, String where, String[]
selectionArgs)
ContentResolver .update(Uri uri, ContentValuesvalues,
Stringwhere, String[] selectionArgs)
ContentResolver.query(Uriuri, String[] projection,
Stringselection, String[] selectionArgs, String sortOrder)
ContentResolver. insert(Uri uri, ContentValues values)
ContentResolver. getType(Uri uri)
```

 使用SharedPreferences

SharedPreferences是一个轻量级的存储类，可以帮助用户很快地保存一些数据项，并共享给当前应用程序或其他应用程序。本节将讲解如何使用SharedPreferences来保存数据和读取数据。

9.1.1 使用 SharedPreferences 保存数据

使用 SharedPreferences 保存数据需要实现 4 个步骤，分别为获取对象、创建编辑器、修改内容、提交修改。下面依次介绍这 4 个步骤。

1. 获取对象

通过 getSharedPreferences() 方法获取一个 SharedPreferences 对象，以方便对其进行相关操作，方法如下：

```
getSharedPreferences("Content", Context.MODE_PRIVATE);
```

其中，第一个参数是保存的 SharedPreferences 的 TAG，即名称；第二个参数是这个 SharedPreferences 的应用模式，这里使用了 Context.MODE_PRIVATE 私有模式，这种模式代表该文件是私有数据，只能被应用本身访问。在该模式下，写入的内容会覆盖原文件的内容。事实上，还有 3 种模式可供使用。

（1）Context.MODE_APPEND：在这种模式下，系统会检查该文件是否存在。如果存在就往文件里追加内容，否则就创建一个新的文件以供保存。

（2）MODE_WORLD_READABLE：在这种模式下，当前文件可以被其他应用读取。

（3）MODE_WORLD_WRITEABLE：在这种模式下，当前文件可以被其他应用写入。

2. 创建一个 Editor 编辑器

在 SharedPreferences 中要编辑信息，必须取得一个编辑器，也就是 Editor。Editor 对象的作用是提供一些方法以便使用者修改 XML 文件中的内容，如添加字符串或整数等。方法如下：

```
SharedPreferences.edit();
```

只要使用简单的 SharedPreferences 的 edit() 方法就可以得到一个 Editor 对象了。接下来就可以使用这个对象去操作数据了。

3. 使用 Editor 修改内容

修改内容的时候，需要使用 putString() 方法。这个方法是向 XML 文件中添加一个节点。SharedPreferences 根据方法名创建一个 <String></String> 节点，根据这个方法的参数向节点中添加内容。方法如下：

```
putString("String", data);
```

其中，第一个参数是"键"，也就是所谓的 Key；第二个参数是"值"，也就是所谓的 Value。在 SharedPreferences 中，所有的数据都是以"键-值"对的形式保存。这里的键是用来检索的索引，而值就是保存的对象。更形象的说法是：Key 相当于一个章节名称，而 Value 是该章节下的内容。修改的方法包括：

```
SharedPreferences.Editor.putString()
            //向 SharedPreferences 中添加 String 类型数据
SharedPreferences.Editor.putBoolean()
            //向 SharedPreferences 中添加 Boolean 类型数据
SharedPreferences.Editor.putFloat()
```

```
                      //向SharedPreferences中添加Float类型数据
SharedPreferences.Editor.putInt()
                      //向SharedPreferences中添加Int类型数据
SharedPreferences.Editor.putLong()
                      //向SharedPreferences中添加Long类型数据
```

当然，还可以使用SharedPreferences.Editor.clear()来清除所有的首选项，使用SharedPreferences.Editor.remove()来移除指定的首选项。

4. 提交修改内容

将数据修改好之后，也就是putString()或其他put()方法执行完后，要将这个修改提交给SharedPreferences，以通知其将内容写入XML文件中。使用的方法如下：

```
editor.commit();
```

提交后，在XML文件的<String></String>中会添加一些内容，如：

```
<String name="String"> 使用SharedPreferences保存数据</String>
```

其中，name ="String"表示键，或者说是Key；字符串"使用SharedPreferences保存数据"就是Value了。一个"键-值"对也称为一个映射。

9.1.2 使用 SharedPreferences 读取数据

使用SharedPreferences读取数据需要完成以下 2 个步骤。

1. 获得SharedPreferences对象

同保存数据一样，要获得之前写入的数据，必须先获得一个需要操作的SharedPreferences对象，获得了这个对象才能对相应的SharedPreferences进行操作。获得的方法如下：

```
getSharedPreferences("Content", Context.MODE_PRIVATE);
```

其中，第一个参数用来指定SharedPreferences名，也就是要操作的SharedPreferences；第二个参数是模式名。

2. 取出Key对应的Value即内容

明白了XML存储方式后，知道SharedPreferences会从一个节点找到该节点中的内容并return给使用者，只要使用getString()等方法就可以了：

```
SharedPreferences.getString()
SharedPreferences.getBoolean()
SharedPreferences.getFloat()
SharedPreferences.getInt()
SharedPreferences.getLong()
```

各个方法的意义与前文的介绍一一对应，就不再赘言。最后还需要使用SharedPreferences的getAll()获得所有的"键-值"对。

任务 9-1

实现一个可记住用户名密码的登录界面

任务描述

（1）显示一个用户名密码的登录界面，该界面有 3 类控件，介绍如下。

①第一类是 2 个文本视图：一个显示"用户名"，另一个显示"密码"，用来提示用户要输入什么样的数据。

②第二类是 2 个文本框，分别用来给用户输入用户名数据和密码数据。

③第三类是 2 个按钮，即一个"登录"按钮和一个"注册"按钮。

（2）在文本框中输入内容，不输入时会有默认内容，点击"注册"按钮，这个时候程序会将数据保存到 SharedPreferences 中，并清空文本框；接着点击"登录"按钮，程序会从 SharedPreferences 中取出之前的数据并显示在文本框中。

任务实施

1. 创建项目

创建 Android 项目，项目名为 SharedPreferences。

2. 修改 activity_main.xml 文件的代码

在 activity_main.xml 文件中实现对界面的布局，所使用的控件及对应的 android:id 属性见表 9-2。

表 9-2　控件及对应的 android:id 属性

控件	android:id
TextView	name
EditText	name_in
TextView	password
EditText	pass_in
Button	button0
Button	button1

3. 修改 MainActivity 文件的代码

打开 MainActivity 文件，编写代码，使用 SharedPreferences 保存数据和读取数据。代码如下（限于篇幅，这里只展示关键代码）：

```
......
public class MainActivity extends AppCompatActivity {
    String name;
    String pass;
    @Override
    protected void onCreate(Bundle savedInstanceState) {
        super.onCreate(savedInstanceState);
        setContentView(R.layout.activity_main);
```

```
Button loginBtn=(Button) findViewById(R.id.button0);
Button regBtn=(Button) findViewById(R.id.button1);
final EditText et1=(EditText) findViewById(R.id.name_in);
final EditText et2=(EditText) findViewById(R.id.pass_in);
//点击按钮，保存数据
regBtn.setOnClickListener(new View.OnClickListener()
{
        @Override
        public void onClick(View arg0)
        {
                name=et1.getText().toString();
                pass=et2.getText().toString();
                //获取一个SharedPreferences对象
                SharedPreferences sp=getSharedPreferences(
"Content", Context.MODE_PRIVATE);
                SharedPreferences.Editor editor=sp.edit();
        //得到一个Editor对象
                //使用Editor修改内容
                editor.putString("name", name);
                editor.putString("pass", pass);
                editor.commit();
//提交内容
                et1.setText("");
                et2.setText("");
        }
});
        //点击按钮读取数据
        loginBtn.setOnClickListener(new View.OnClickListener()
        {
                @Override
                public void onClick(View v)
                {
                        //获取一个SharedPreferences对象
                        SharedPreferences sp=getSharedPreferences(
"Content", Context.MODE_PRIVATE);
//取出Key对应的Value即内容
                        String name=sp.getString("name", "");
                        String pass=sp.getString("pass", "");
                        et1.setText(name);
                        et2.setText(pass);
                }
        });
    }
}
```

运行程序，初始效果如图9-1所示。点击"注册"按钮，这个时候程序会将数据保存到SharedPreferences中，并清空文本框，如图9-2所示。接着点击"登录"按钮，程序会从SharedPreferences中取出之前的数据并显示在文本框中，如图9-3所示。

图9-1 初始效果

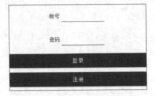

图9-2 点击"注册"按钮

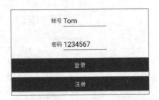

图9-3 点击"登录"按钮

 使用文件存储

由于Android系统会对SharedPreferences保存的数据进行加密，读写会使用更多的系统资源，所以，它只适合保存少量的重要数据，而不适合保存大量的普通数据。通常，应用程序的数据都保存在常规文件中。本节将详细讲解如何使用文件保存数据。

9.2.1 在程序默认位置创建和写入文件

在Android中，通过流来读写文件。下面讲解使用流写入文件的具体步骤。

1. 获得一个输出流对象

使用openFileOutput()方法可以很方便地获得一个输出流对象，以进行文件操作。如下所示：

```
openFileOutput("myFile.txt",Context.MODE_PRIVATE);
```

其中，第一个参数是需要创建的文件名，第二个参数是模式。

> 注意：使用openFileOutput()方法不需要指定路径，系统会使用默认路径，也就是/data/data/<package name>/files来保存文件。如果在第一个参数中加入了路径程序会出现异常。

2. 向流中写入数据

获得了输出流对象之后，需要使用write()方法向流中添加信息。

```
write(data.getBytes());
```

该方法只有一个参数data.getBytes()。由于得到的FileOutputStream属于字节流，它只能按字节写入，所以String型对象必须将其转换为Byte型。

3. 关闭流

当数据写入完毕后，使用close()方法可以关闭输出流，方法如下所示：

```
fos.close();
```

在每次使用完流之后，必须将其关闭，以节省系统资源。

9.2.2 在程序默认位置读取文件

以下是使用流读取文件的具体步骤。

1. 创建输入流

下面的代码就是创建输入例的代码：

```
FileInputStream fis;
InputStreamReader isr;
BufferedReader br;
fis=openFileInput("myFile");
isr=new InputStreamReader(fis);
br=new BufferedReader(isr);
```

这里为了将读取出来的内容保存在 Stirng 中，对 FileInputStream 进行了包装，以获得可以直接读取 String 的输入流。

首先，得到了一个输入字节流，参数是文件名，代码如下：

```
fis=openFileInput("myFile");
```

接着，将其转换为字符流，这样可以一个字符一个字符地读取以便显示中文，代码如下：

```
isr=new InputStreamReader(fis);
```

最后，将其包装为缓冲流，这样可以一段一段地读取，以减少读写的次数，保护硬盘。代码如下：

```
br=new BufferedReader(isr);
```

2. 读取数据

从流中获得数据同样非常方便，可以使用 readLine() 方法，代码如下：

```
String s=null;
S=(br.readLine());
```

注意：读取数据除了 readLine() 方法外，还可以使用 read() 方法，这里使用了 readLine() 方法，这也是将 FileInputStream 包装的原因。因为这个方法是一行一行地读取，使用非常方便。将数据读取出来之后可以将其保存在内存中以便操作。

3. 关闭输入流

这里记得每个流都要关闭，代码如下：

```
fis.close();
isr.close();
br.close();
```

每次使用完流之后，要记得及时将其关闭以保证程序的正常稳定运行。

任务 9-2

实现一个商品销量登记和显示功能界面

实现一个商品销量登记和显示功能界面

任务描述

（1）显示一个商品销量登记和显示的界面，该界面有 3 类控件，介绍如下。

①第一类是 1 个文本视图：显示"商品销量"，用来提示用户要输入什么样的数据。

②第二类是 1 个文本框：用来给用户输入销量。

③第三类是 2 个按钮：一个"添加"按钮和一个"显示"按钮。

（2）在文本框中输入内容，不输入时会有默认内容，点击"添加"按钮，这个时候程序会将数据保存到 sales.txt 文件中，并清空文本框；接着点击"显示"按钮，程序会从 sales.txt 中取出之前的数据并显示在文本框中。

任务实施

1. 创建项目

创建 Android 项目，项目名为 FileStorageDemo。

2. 修改 activity_main.xml 文件的代码

在 activity_main.xml 文件中实现对界面的布局，所使用的控件及对应的 android:id 属性见表 9-3。

表 9-3　控件及对应的 android:id 属性

控件	android:id
TextView	name
EditText	sales
Button	button0
Button	button1

3. 修改 MainActivity 文件的代码

打开 MainActivity 文件，编写代码，实现使用文本存储。代码如下（限于篇幅，这里只展示关键代码）：

```
......
public class MainActivity extends AppCompatActivity {
    String PASS="sales.txt";          //声明文件名
    @Override
    protected void onCreate(Bundle savedInstanceState) {
        ......
        addBtn.setOnClickListener(new View.OnClickListener()
        {
            @Override
            public void onClick(View arg0)
            {
                String pass=et.getText().toString();
```

```
                                    //取得密码文本框中的内容
            try
            {
                        //获得PASS文件的文件字节输出流
                FileOutputStream fos=openFileOutput(PASS,
                                Context.MODE_PRIVATE);
                fos.write(pass.getBytes());
                        //写入内容
                fos.close();
                        //关闭输出流
                et.setText("");
            }
            catch (Exception e)
            {
e. printStackTrace();
            }
        }
    });
    showBtn.setOnClickListener(new View.OnClickListener()
    {
        @Override
        public void onClick(View arg0)
        {
            FileInputStream fis;
            InputStreamReader isr;
            BufferedReader br;
            try
            {
                fis=openFileInput(PASS);
                        //获得文件字节输入流
                isr=new InputStreamReader(fis);
                        //包装为字符流
                br =new BufferedReader(isr);
                        //再包装为带缓冲的字符流
                String s="";
                StringBuffer sb=new StringBuffer();
                        //按行读取流中的数据
                while (( s=br.readLine())!= null)
                {
                    sb.append(s+"\n");
                };
                et.setText(sb);
                //关闭流
                fis.close();
```

```
                        isr.close();
                        br.close();
                    }
                    catch (Exception e)
                    {
e. printStackTrace();
                    }
                }
        });
    }
}
```

运行程序，初始效果如图 9-4 所示。点击"添加"按钮，这个时候程序会将数据保存到 sales.txt 文件中，并清空文本框，如图 9-5 所示。接着点击"显示"按钮，程序会从 sales.txt 中取出之前的数据并显示在文本框中，如图 9-6 所示。

图 9-4　初始效果

图 9-5　点击"添加"按钮

图 9-6　点击"显示"按钮

9.3　使用 SQLite 数据库

本节将讲解如何使用 Android 自带的关系型数据库——SQLite。它是一个基于文件的轻量级数据库，非常适合嵌入式设备。

9.3.1　创建和删除数据库

以下将介绍如何创建和删除数据库。

1. 创建数据库

创建数据库有多种方法，最简单的是使用 Context 的 openOrCreateDatabase() 方法。该方法创建数据库语法格式如下：

```
ContextWrapper.openOrCreateDatabase(String name, int mode,
CursorFactory factory)
```

这里需要 3 个参数。

（1）String name：数据库的名字，每个数据库的名字都是独有的，注意要以".db"为后缀名。

（2）int mode：数据库的模式，一般设置为 SQLiteDatabase.CREATE_IF_NECESSARY。

（3）CursorFactory factory：工厂类的对象，在执行查询时通过该工厂创建一个 Cursor 类。

Cursor类的使用会在本节之后的内容中讲解。这里我们不需要它，可以将之设为null。

所以创建一个名为database.db的数据库代码如下：

```
SQLiteDatabase db=openOrCreateDatabase("database.db",
SQLiteDatabase.CREATE_IF_NECESSARY, null);
```

SQLite 数据库是基于文件的关系型数据库，那创建的数据库又被保存在哪里呢？事实上，与SharedPreferences类似，数据库文件被保存在 /data/data/package name/databases 目录下。

2. 设置数据库

创建完数据库后，为了更安全而有效地使用它，还需要对它进行一定的配置，主要的方法有 3 个，介绍如下。

（1）设置本地化：

```
db.setLocale(Locale.getDefault());
```

该方法的参数设置为默认，当然也可以设置为对应的区域，如设置为 Locale.CHINA。

（2）设置线程安全锁：

```
db.setLockingEnabled(true);
```

在平常的使用中经常会有不同的线程在同时操作数据库，这个时候就需要使用线程安全锁来保证数据库在一个时间只被一个线程使用。

（3）设置版本：

```
db.setVersion(1);
```

数据库可能会经常更新，为了进行更有效的管理，我们为每个数据库设置了版本。

3. 关闭数据库

当不再需要使用数据库时可以考虑将其关闭，关闭的方法非常简单，只须要调用close()方法即可，该方法的形式如下：

```
db.close();
```

4. 删除数据库

有些时候基于某种需求需要将数据库彻底删除，只须要调用deleteDatabase()方法即可，该方法的形式如下：

```
Context.deleteDatabase();
```

> 注意：数据库的删除是永久且不可恢复的，所以执行该方法时请务必慎重。

9.3.2 创建和删除表

本小节将介绍如何创建和删除表。

1. 创建表

创建了数据库之后，还需要在数据库中创建表。创建表的方法是执行相应的SQL语句。例如，要创建一个名为userInfo_brief的表，需要的SQL语句为：

```
CREATE  TABLE userInfo_brief (
id INTEGER PRIMARY KEY AUTOINCREMENT,
name TEXT,
password TEXT);
```

对应的Java代码如下：

```
String TABLENAME_1="userInfo_brief";
String ID="id";
String NAME="name";
String PASSWORD="password";
String sql="CREATE TABLE "+
     TABLENAME_1 +"(" +
     ID+" INTEGER PRIMARY KEY  AUTOINCREMENT," +
     NAME+" TEXT," +
     PASSWORD+" TEXT);";
     db.execSQL(sql);
```

如上所示，表中有3列，第一列是id，之后的3个修饰符的意义是：整数型、主键、自动增长；第二列是账户（name），类型为TEXT，文本型；第三列是密码（password），类型同样为TEXT，文本型。

> 注意：加粗部分的代码，编写完SQL语句后，需要执行它，方法就是：
>
> SQLiteDatabase.execSQL(String sql);
>
> 该方法常被用于执行非查询操作，如创建表、删除表、更新表等。

2. 删除表

如果要删除表userInfo_brief，其SQL语句为：

```
DROP TABLE userInfo_brief;
```

对应的Java代码为：

```
Sring sql="DROP TABLE"+TABLENAME_1+";";
db.execSQL(sql)
```

9.3.3 操作记录

SQLiteDatabase类提供了3个简单的方法来完成操作记录，它们分别是：

```
SQLiteDatabase.insert()
```

```
SQLiteDatabase.update()
SQLiteDatabase.delete()
```

从这 3 个方法可以看到操作记录大致为插入记录、更新记录及删除记录。下面依次对这 3 个方法进行介绍。

1. 插入记录

插入记录时，需要使用SQLiteDatabase的 insert() 方法，该方法的形式如下：

```
SQLiteDatabase.insert(String table, String nullColumnHack,
ContentValues values)
```

参数介绍如下。

（1）table：指需要操作的表名。

（2）nullColumnHack：数据库不允许插入一条完全是空的记录，所以如果初始值是空的，那么该列会被标志为NULL。

（3）values：指需要插入表中的数据，数据类型为ContentValues。ContentValues有些类似于HashMap，同样是以键值对的形式保存数据，但它只可以存储基本数据类型。使用它需要完成2个步骤。

①获得ContentValues对象：

```
ContentValues values=new ContentValues();
```

②以键值对的形式通过 put() 方法向 ContentValues 对象中添加数据，"键"为列名，"值"为真正需插入表中的数据，代码如下：

```
values.put(NAME, "wesley");
```

向不同的列中插入数据可以多次执行 put() 方法。假设要向 userInfo_brief 表中插入一条记录，语法格式为：

```
ContentValues values=new ContentValues();
values.put(NAME, "wesley");
values.put(PASSWORD, "123wes");
db.insert(TABLENAME_1, null, values);
```

除了使用insert()方法外，开发者还可以使用insertOrThrow()方法完成插入操作，不同的是，该方法在插入操作失败时会抛出SQL异常，有利于调试程序。

2. 更新记录

更新记录时，需要使用update()方法，该方法的形式如下：

```
SQLiteDatabase.update(String table, ContentValues values, String
whereClause, String[] whereArgs)
```

参数介绍如下。

（1）table：需要操作的表名。

（2）values：要更新的数据。

（3）whereClause：WHERE子句，"?"表示子句参数，为null时表示更新所有的记录。

（4）whereArgs：子句参数组，子句中的每个字符串会替代WHERE子句中相应的"?"。只有在第三个参数非null时，该参数才有效。

例如，要更新userInfo_brief表中的name为wesley的密码，相应的代码为：

```
ContentValues values=new ContentValues();
values.put(PASSWORD, "123456");
db.update(TABLENAME_1, values, NAME+"=?", new String[]
{"wesley"});
```

这里的ContentValues只保存了一个键值对，因为只须修改这一个列，所以其他不需要的字段无须保存。

3. 删除记录

删除记录时，需要使用delete()方法，该方法的形式如下：

```
SQLiteDatabase.delete(String table, String whereClause, String[]
whereArgs)
```

这里有3个参数。

（1）table：需要操作的表名。

（2）whereClause：WHERE子句，"?"表示子句参数，为null时表示删除所有的记录。

（3）whereArgs：子句参数组，子句中的每个字符串会替代WHERE子句中相应的"?"。同样的，只有在第二个参数非null时，该参数才有效。

例如，要删除userInfo_brief表中的name为wesley的记录，代码为：

```
db.delete(TABLENAME_1, NAME+"=?", new String[]{"wesley"});
```

如果要删除表中的所有数据则执行：

```
db.delete(TABLENAME_1,null,null);
```

9.3.4 查询记录

Android为SQLite提供多个方法，以方便用户通过一系列的查询语句来得到希望得到的数据记录，从而避免了烦琐的查找工作，提高了效率。本小节将讲解如何查询记录。

1. 使用query()查询方法

使用SQLiteDatabase的query()方法可以实现查询。其语法形式如下：

```
SQLiteDatabase.query(String table, String[] columns, String
selection, String[] selectionArgs, String groupBy, String
having, String orderBy)
```

参数介绍如下。

（1）table：该参数为表名，也就是要进行查询的表。

（2）columns：列名，也就是希望查询的一组属性。

（3）selection：选择条件，也就是SELECT语句中的WHERE。

（4）selectionArgs：选择条件的参数，例如，在第三个参数中填写了 "id=?"，那么第四个参数则替代第三个参数中 "?"。

（5）groupBy：分组，顾名思义，作用与SELECT语句中的GROUPBY相同。

（6）having：条件，在进行分组之后继续筛选数据，通常包含有聚合函数，其作用与WHERE相同，不过WHERE不能和聚合函数一起使用。例如，HAVING MIN（column）> 5 就是对分组之后的数据再次筛选，选出最小的 Cursor 大于 5 的记录。其中，MIN（column）被称为聚合函数。

（7）orderBy：排序，按照某一项升序或降序排列，ASC 为升序，DESC 为降序。

以下针对query()方法执行一个简单的查询操作。

实例9-1 要查询一张表中的所有数据的SELECT语句为：

```
SELECT * FROM TABLENAME
```

使用Android提供的查询方法为：

```
Cursor c=database.query(TABLENAME,null,null,null,null,null,null);
```

通过该方法可以得到名为TABLENAME表中的所有数据。

实例9-2 如果希望一次查询只返回一条记录，我们可以使用的SELECT语句为：

```
SELECT * FROM TABLENAME WHERE id=1
```

这条语句的意思是查询id为 1 的记录的所有信息。相应的，查询方法为：

```
Cursor c=database.query(TABLENAME,null, "id=?",new String[]
{"1"},,null,null,null);
```

实例9-3 如果希望一次查询表中的若干属性，SELECT语句可以为：

```
SELECT name,password FROM TABLENAME WHERE id=1
```

该语句查询了表中id为 1 的记录的name和password属性。相应的，查询方法为：

```
Cursor c=database.query(TABLENAME,new String[]{"name",
"password"},"id=?",new String[]{"1"},,null,null,null);
```

实例9-4 如果希望一次查询表中的若干属性，并按照一定的属性升序排列，SELECT语句可以为：

```
SELECT name,password,age FROM TABLENAME WHERE sex=男 ORDERBY age
ASC
```

该语句查询了表中性别为男的记录的name、password和age属性，结果按照年龄升序排列。相应的，查询方法为：

```
Cursor c=database.query(TABLENAME,new String[]{"name","password"
```

```
,"age"},"sex=?",new String[]{"男"},,null,null,"age ASC");
```

实例9-5 如果希望一次查询表中的若干属性，并按男女分组，同时按照某属性降序排列，SELECT语句可以为：

```
SELECT name,password,age FROM TABLENAME WHERE area="江苏"
GROUPBY sex ORDERBY age DESC
```

该语句查询了表中性别为男的记录的name、password和age属性，结果按照年龄降序排列。相应的，查询方法为：

```
Cursor c=database.query(TABLENAME,new String[]{"name","password",
"age"},"area=?",new String[]{"江苏"},"sex",null,"age DESC");
```

2. 使用Cursor对象保存查询结果

查询的结果一般以Cursor对象的形式保存并返回给用户。Cursor对象类似于一个文件指针，使用它可以很方便地对结果进行遍历。Cursor对象只能暂时地保存数据，如果只须要完成一些简单的操作，可以快速地执行，并在执行完后关闭它。Cursor中的常用方法见表9-4。

表9-4　Cursor中的常用方法

方法	功能
getCount()	获得Cursor对象中记录条数，可以理解为有几行
getColumnCount()	获得Cursor对象中记录的属性个数，可以理解为有几列
moveToFirst()	将Cursor对象的指针指向第一条记录
moveToNext()	将Cursor对象的指针指向下一条
isAfterLast()	判断Cursor对象的指针是否指向最后一条记录
close()	关闭Cursor对象
deactivate()	取消激活状态
requery()	重新查询刷新数据

3. 执行多查询

SQLiteQueryBuilder类可以实现多查询。例如，现在拥有2张表，分别是user_brief表和user_detail表。user_brief表中只是保存了用户名和密码，user_detail表中则存储了用户名和其他具体信息，如年龄、国籍、爱好等。接下来执行多表查询：

```
SELECT    user_brief.name,
          User_brief.password,
          User_detail.age,
          User_detail.sex
FROM      user_brief, user_detail
WHERE  user_brief.name=user_detail.name AND user_brief.name="wes"
ORDERBY   age ASC
```

这个时候可以使用SQLiteQueryBuilder类来帮助完成查询。使用SQLiteQueryBuilder需要经过以下步骤。

（1）获得SQLiteQueryBuilder对象，代码如下：

```
SQLiteQueryBuilder builder=new SQLiteQueryBuilder();
```

（2）设置需要查询的表，各个表直接以"，"隔开，代码如下：

```
builder.setTables(TABLENAME_1+","+TABLENAME_2);
```

（3）设置关联属性，表与属性之间以"."隔开，两属性之间以"="连接，代码如下：

```
builder.appendWhere(TABLENAME_1+"."+NAME +"="+
TABLENAME_2+"."+NAME);
```

（4）开始查询，代码如下：

```
cursor=builder.query(SQLiteDatabase db, String[] projectionIn,
String selection, String[] selectionArgs, String groupBy, String
having, String sortOrder)
```

参数介绍如下。

①db：数据库名，需要进行操作的数据库。

②projectionIn：类似于普通查询的columns，意义是希望查询的属性。

③selection：选择条件，也就是SELECT语句中的WHERE。

④selectionArgs：选择条件的参数，用来替代第三个参数中的"？"。

⑤groupBy：分组，也就是SELECT语句中的GROUPBY。

⑥having：条件，作用在前文中已经解释过。

⑦bortOrder：排序条件。

知道了SQLiteQueryBuilder的使用步骤之后，就可以完成上文中的SELECT语句了，其代码片段如下：

```
String TABLENAME_1="user_brief";
String TABLENAME_2="user_detail";
String ID="id";
String NAME="name";
String SEX="sex";
String AGE="age";
String PASSWORD="password";
SQLiteQueryBuilder builder=new SQLiteQueryBuilder();
builder.setTables(TABLENAME_1+","+TABLENAME_2);    //设置表
builder.appendWhere(TABLENAME_1+"."+NAME +"="+
TABLENAME_2+"."+NAME);
String[] colums={TABLENAME_1+"."+NAME+"," +
            TABLENAME_1+"."+PASSWORD+","+
            TABLENAME_2+"."+SEX+","+
```

```
              TABLENAME_2+"."+AGE};
cursor=builder.query(db, colums, TABLENAME_1+"."+NAME+"= ?", new
String[]{"wes"}, null, null,"age ASC");
```

实现学生姓名
登记界面

实现学生姓名登记界面

任务描述

（1）显示一个学生姓名登记界面，该界面有 3 类控件，介绍如下。

①第一类是 1 个文本视图：一个显示"名称"，用来提示用户要输入什么样的数据。

②第二类是 1 个文本框：用来给用户输入名称、性别和年龄。

③第三类是 1 个按钮：一个"添加"按钮。

（2）在文本框中输入内容，点击"添加"按钮，这个时候程序会将数据保存到 studentdatabase.db 数据库的 studentsName 数据表中。

任务实施

1. 创建项目

创建 Android 项目，项目名为 StudentRegister。

2. 修改 activity_main.xml 文件的代码

在 activity_main.xml 文件中实现对界面的布局，所使用的控件及对应的 android:id 属性见表 9-5。

表 9-5 控件及对应的 android:id 属性

控件	android:id
EditText	name
Button	button0

3. 修改 MainActivity 文件的代码

打开 MainActivity 文件，编写代码，实现学生名称的添加。代码如下（限于篇幅，这里只展示关键代码）：

```
......
public class MainActivity extends AppCompatActivity {
    SQLiteDatabase db;
    String DATABASENAME="studentdatabase.db";
    String TABLENAME="studentsName";
    String ID="_id";
    String NAME="name";
    @Override
    protected void onCreate(Bundle savedInstanceState) {
        ......
        btn.setOnClickListener(new View.OnClickListener()
        {
```

```
        @Override
        public void onClick(View arg0)
        {
            String name=nameE.getText().toString();
            ContentValues values=new ContentValues();
            values.put(NAME, name);
            db.insert(TABLENAME, null, values);
                                //插入数据
            //清空文本框
            nameE.setText("");
        }
    });
}
@SuppressLint("WrongConstant")
public void createDatabse()
{
    //创建或打开数据库
    db=openOrCreateDatabase(DATABASENAME, SQLiteDatabase.
CREATE_IF_NECESSARY, null);
}
//创建表
public void createTable()
{
    String sql="CREATE TABLE"+
            TABLENAME+"("+
            ID+" INTEGER PRIMARY KEY AUTOINCREMENT,"+
            NAME+"TEXT"+")";
    db.execSQL(sql);                //执行SQL语句
}
}
```

运行程序，初始效果如图 9-7 所示。输入名称后，点击"添加"按钮，名称会添加到 studentdatabase.db 数据库的 studentsName 数据表中，如图 9-8 所示。

图 9-7　初始效果

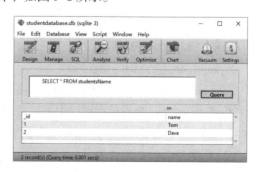

图 9-8　studentsName 数据表中的数据

9.4 使用ContentProvider共享数据

Android中所有的数据都是私有的，但可以使用ContentProvider共享数据。ContentProvider是Android四大组件之一，可以将私有的数据暴露给其他的使用者，如通话记录、联系人列表等。本节将讲解如何使用ContentProvider。

9.4.1 使用ContentProvider

Android系统中本身就包含了一些内建的程序，包括联系薄及通话记录等。这些应用程序往往都作为ContentProvider向外界提供数据。开发者可以使用ContentResolver的query()方法查询相关数据。为了更好地说明如何使用ContentProvider，下面演示常见的几种使用方式。

1. 联系薄

首先要向模拟器的电话簿中添加一些联系人，如图9-9所示。

图9-9　联系人

然后创建一个Android项目，接下来只须要完成以下3步，就可以获取联系人信息。

（1）查询联系人列表获得Cursor对象，可以使用query()方法，形式如下：

```
query (Uri uri, String[] projection, String selection, String[]
selectionArgs, String sortOrder)
```

参数介绍如下。

①uri：指定数据的具体路径。

②projection：要查询的属性列。

③selection：条件，相当于WHERE子句，如"id=？"。

④selectionArgs：条件的参数，用来代替条件中的"？"。

⑤sortOrder：排序，升序为ASC，降序为DESC。

（2）新建Adapter，方法如下：

```
ArrayAdapter<String> adapter=new ArrayAdapter<String> (Context
context, int resource, T[] objects)
```

（3）设置 Adapter，可以将 adapter 与 ListView 绑定起来，方法如下：

```
setAdapter(adapter);
```

按照以上步骤，本实例的代码片段为：

```
......
public class MainActivity extends AppCompatActivity {
    String[] permissions=new String[]{Manifest.permission.READ_
CONTACTS};
    boolean mPassPermissions=true;
    int REQUEST_CODE_PERMISSIONS=99;
    List<String> contactsList=new ArrayList<String>();
    @Override
    protected void onCreate(Bundle savedInstanceState) {
        super.onCreate(savedInstanceState);
        setContentView(R.layout.activity_main);
        initData();
        ListView listView=(ListView) findViewById(R.id.info);
        Cursor cursor=getContentResolver().
query(ContactsContract.CommonDataKinds.Phone.CONTENT_URI,
                null, null, null, null);
                                    //查询联系人列表获得Cursor对象
        try {
            while (cursor.moveToNext()) {
                //获取联系人姓名
                int i=cursor.getColumnIndex(ContactsContract.
CommonDataKinds.Phone.DISPLAY_NAME);
                String displayName=cursor.getString(i);
                //获取联系人电话号码
                int j=cursor.getColumnIndex(ContactsContract.
CommonDataKinds.Phone.NUMBER);
                String number=cursor.getString(j);
                contactsList.add(displayName+"\n"+number);
            }
        } catch (Exception e) {
e.printStackTrace();
        } finally {
            if (cursor!=null) {
                cursor.close();
            }
        }
        ArrayAdapter<String> adapter= new
ArrayAdapter<String>(this, android.R.layout.simple_list_item_1,
contactsList);
```

```
        listView.setAdapter(adapter);          //设置Adapter
    }
    ......
}
```

运行程序，会将获取的联系人信息显示在列表中，如图9-10所示。

图9-10 运行效果

在执行代码前，需要为其声明以下权限：

```
<uses-permission android:name="android.permission.READ_
CONTACTS"/>
```

2. 通话记录

同样的，利用以上步骤可以查询通话记录，步骤是一样的，只是其中的Uri与属性不同，其代码片段为：

```
......
public class MainActivity extends AppCompatActivity {
    ......
    @Override
    protected void onCreate(Bundle savedInstanceState) {
        ......
        Cursor cursor=getContentResolver().query(CallLog.Calls.
CONTENT_URI, null, null, null, null);
                                //查询联系人列表获得Cursor对象
        try {
            while (cursor.moveToNext()) {
                //获取电话号码
                int i=cursor.getColumnIndex(CallLog.Calls.
NUMBER);
                String number=cursor.getString(i);
                int j=cursor.getColumnIndex(CallLog.Calls.
DURATION);
                //通话时长
                String duration=cursor.getString(j);
                contactsList.add(number+"\n"+duration);
            }
        } catch(Exception e) {
e. printStackTrace();
        } finally {
```

```
        if (cursor!=null) {
            cursor.close();
        }
    }
    ArrayAdapter<String> adapter=new
ArrayAdapter<String>(this, android.R.layout.simple_list_item_1,
contactsList);
    listView.setAdapter(adapter);        //设置Adapter
    }
    ......
}
```

运行程序，会看到获取的通话记录，效果如图 9-11 所示。

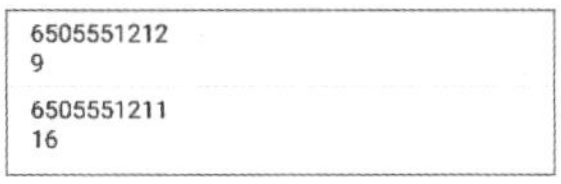

```
6505551212
9
6505551211
16
```

图 9-11　通话记录

在执行代码前，需要为其声明以下权限：

```
<uses-permission android:name="android.permission.READ_CALL_
LOG"/>
```

3. 多媒体信息

如果要查询多媒体信息只须将 Uri 改成 MediaStore 的子类下的常量就可以了。

（1）MediaStore.Audio.Media.EXTERNAL_CONTENT_URI：音频文件的 URI。

（2）MediaStore.Video.Media.EXTERNAL_CONTENT_URI：视频文件的 URI。

（3）MediaStore.Images.Media.EXTERNAL_CONTENT_URI：图片文件的 URI。

以音频文件为例，查询文件名和持续时间：

```
......
public class MainActivity extends AppCompatActivity {
    ......
    @Override
    protected void onCreate(Bundle savedInstanceState) {
        ......
        Cursor cursor=getContentResolver().query(MediaStore.
Audio.Media.EXTERNAL_CONTENT_URI,null,null, null, null);
        //查询联系人列表获得Cursor对象
        try {
            while (cursor.moveToNext()) {
                //获取音频文件名
                int i=cursor.getColumnIndex(MediaStore.Audio.
Media.TITLE);
                String tittle=cursor.getString(i);
```

```
                //获取音频文件的时长
                int j=cursor.getColumnIndex(MediaStore.Audio.
Media.DURATION);
                String duration=cursor.getString(j);
                contactsList.add(tittle+"\n"+duration);
            }
        } catch (Exception e) {
e. printStackTrace();
        } finally {
            if (cursor!=null) {
                cursor.close();
            }
        }
        ArrayAdapter<String> adapter= new
ArrayAdapter<String>(this, android.R.layout.simple_list_item_1,
contactsList);
        listView.setAdapter(adapter);          //设置Adapter
    }
    ......
}
```

运行程序，会看到设备中的音频文件，效果如图 9-12 所示。

图 9-12   运行效果

在执行代码前，需要为其声明以下权限：

```
<uses-permission android:name="android.permission.READ_EXTERNAL_
STORAGE"></uses-permission>
```

9.4.2 使用 ContentResolver

在上小节中其实就已经用到了 ContentResolver，实现了共享数据的查询。本小节将详细介绍 ContentResolver。

1. 删除数据

首先，要得到 ContentResolver 的对象：

```
ContentResolver resolver=getContentResolver();
```

接着，使用 delete() 方法可以很方便地删除数据，其形式如下：

```
ContentResolver.delete(Uri uri, String where, String[]
selectionArgs)
```

参数介绍如下。

（1）uri：需要操作的 ContentProvider 的 uri，如联系薄的数据的 uri 是 Data.CONTENT_URI。

（2）where：条件，若为 null 则表示全部删除。

（3）selectionArgs：条件参数，用来替代条件中的 "？"。

如要删除所有联系人，可以使用以下代码：

```
resolver.delete(Data.CONTENT_URI, null, null);
```

如果要删除某条记录，则在条件中加入参数，如要删除名字为 "WES" 的记录，代码如下：

```
resolver.delete(Data.CONTENT_URI, StructuredName.DISPLAY_
NAME+"=?", new String[]{"WES"});
```

2. 查询数据

ContentResolver 的查询数据使用 query() 方法，该方法在上一小节中介绍过了，这里就不再进行介绍了。

3. 更新数据

更新数据，可以使用 update() 方法，形式如下：

```
ContentResolver.update(Uri uri, ContentValues values, String
where, String[] selectionArgs)
```

参数介绍如下。

（1）uri：要访问的 ContentProvider 的地址。

（2）values：ContentValues 对象，数据的映射，在前文已经讲解过，用来存储键值对。

（3）where：条件子句，需要使用的参数用 "？" 代替。

（4）selectionArgs：条件参数，用来代替 where 子句中的 "？"。

例如，要将名称为 "WES" 的联系人的姓名更新为 "wes"，代码如下：

```
values.put(StructuredName.DISPLAY_NAME, "wes");
resolver.update(Data.CONTENT_URI, values, StructuredName.
DISPLAY_NAME+"=?", new String[]{"WES"});
```

4. 插入数据

插入数据，需要使用 insert() 方法，形式如下：

```
ContentResolver.insert(Uri uri, ContentValues values)
```

这里只有 2 个参数：一个是 URI，一个是 ContentValues。

任务 9-4

实现获取图片信息界面

任务描述

（1）显示一个获取图片信息的界面，包含一个按钮和一个列表。

（2）点击按钮，在列表中显示设备中的图片信息。

任务实施

1. 创建项目

创建 Android 项目，项目名为 ShowImageInfo。

2. 权限设置

打开 AndroidManifest.xml 文件，添加 3 个权限，分别为 READ_EXTERNAL_STORAGE、WRITE_EXTERNAL_STORAGE 和 MOUNT_UNMOUNT_FILESYSTEMS。

3. 修改 activity_main.xml 文件的代码

在 activity_main.xml 文件中实现对界面的布局，所使用的控件及对应的 android:id 属性见表 9-6。

表 9-6　控件及对应的 android:id 属性

控件	android:id
Button	showBtn
ListView	info

4. 修改 MainActivity 文件的代码

打开 MainActivity 文件，编写代码，通过 getContentResolver().query() 方法查询图片，并将名称和添加日期显示在列表中。代码如下（限于篇幅，这里只展示关键代码）：

```
......
public class MainActivity extends AppCompatActivity {
    ......
    @Override
    protected void onCreate(Bundle savedInstanceState) {
        super.onCreate(savedInstanceState);
        setContentView(R.layout.activity_main);
        ......
    }
    ......
    private void setListener() {
        showBtn.setOnClickListener(new View.OnClickListener() {
            @Override
            public void onClick(View arg0) {
                Cursor cursor=getContentResolver().
query(MediaStore.Images.Media.EXTERNAL_CONTENT_URI,null,null,
null, null);
```

```
                //查询联系人列表获得Cursor对象
                try {
                    while (cursor.moveToNext()) {
                        int i=cursor.getColumnIndex(MediaStore.
Images.Media.DISPLAY_NAME);
                        String name=cursor.getString(i);
                        int j=cursor.getColumnIndex(MediaStore.
Images.Media.DATE_ADDED);
                        String dataAdd=cursor.getString(j);
                        contactsList.add(name+"\n"+dataAdd);
                    }
                } catch (Exception e) {
e. printStackTrace();
                } finally {
                    if (cursor!=null) {
                        cursor.close();
                    }
                }
                ArrayAdapter<String> adapter=new ArrayAdapter
<String>(MainActivity.this, android.R.layout.simple_list_item_1,
contactsList);
                listView.setAdapter(adapter);
//设置Adapter
            }
        });
    }
}
```

运行程序, 初始效果如图 9-13 所示。点击按钮, 显示设备中图片的信息, 如图 9-14 所示。

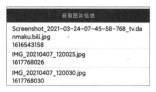

图 9-13　初始效果　　　　　　　　　　　　图 9-14　获取图片信息

开发一个小型用户信息系统

任务描述

（1）显示一个用户信息系统页面，该界面有 4 类控件，介绍如下。

①第一类是 3 个文本视图：一个显示"名称"，一个显示"性别"，一个显示"年龄"，用来提示用户要输入什么样的数据。

开发一个小型
用户信息系统

②第二类是 3 个文本框：用来给用户输入名称、性别和年龄。

③第三类是 2 个按钮：一个"添加"按钮和一个"查询"按钮。

④第四类是 1 个列表，用来显示查询的数据。

（2）在文本框中输入内容，不输出时会有默认内容，点击"添加"按钮，这个时候程序会将数据保存到 database.db 数据库的 userInfo 数据表中，并清空文本框；接着点击"查询"按钮，程序会从 database.db 数据库的 userInfo 数据表中取出数据并显示在列表中。

任务实施

1. 创建项目

创建 Android 项目，项目名为 SQLiteDemo。

2. 修改 activity_main.xml 文件的代码

在 activity_main.xml 文件中实现对界面的布局，所使用的控件及对应的 android:id 属性见表 9-7。

表 9-7 activity_main.xml 文件中控件及对应的 android:id 属性

控件	android:id
EditText	name
EditText	sex
EditText	age
Button	button0
Button	button1
ListView	user_info

3. 创建 layout.xml，编写代码

创建 xml 文件，命名为 layout.xml 文件。在此文件中，实现对 TextView 的创建及设置，见表 9-8。

表 9-8 layout.xml 文件中控件及对应的 android:id 属性

控件	android:id
TextView	textView1
TextView	textView2
TextView	textView3
TextView	textView4

4. 修改 MainActivity 文件的代码

打开 MainActivity 文件，编写代码，实现数据库的创建、数据表的创建、数据的插入及查询等功能。代码如下（限于篇幅，这里只展示关键代码）：

```
......
public class MainActivity extends AppCompatActivity {
    SQLiteDatabase db;
    String DATABASENAME="database.db";
    String TABLENAME="userInfo";
    String ID="_id";
    String NAME="name";
    String SEX="sex";
    String AGE="age";
    EditText nameE;
    EditText sexE;
    EditText ageE;
    Cursor cursor;
    @Override
    protected void onCreate(Bundle savedInstanceState) {
        super.onCreate(savedInstanceState);
        setContentView(R.layout.activity_main);
        createDatabse();
        createTable();
        ......
        //点击按钮，插入数据
        addBtn.setOnClickListener(new View.OnClickListener()
        {
            @Override
            public void onClick(View arg0)
            {
                String name=nameE.getText().toString();
                String sex=sexE.getText().toString();
                String age=ageE.getText().toString();
                ContentValues values=new ContentValues();
                values.put(NAME,name);
                values.put(SEX,sex);
                values.put(AGE,age);
                db.insert(TABLENAME, null, values);
            //插入数据
                //清空文本框
                nameE.setText("");
                sexE.setText("");
                ageE.setText("");
            }
        });
        showBtn.setOnClickListener(new View.OnClickListener() {
            public void onClick(View v) {
```

```
                    cursor=db.query(TABLENAME, null, null, null,
null, null, null);             //查询表中的数据
                if(cursor.moveToFirst()){
                    //声明适配器为ListView提供数据
                    SimpleCursorAdapter sCursorAdapter=new
SimpleCursorAdapter(
                            MainActivity.this,
                            R. layout.layout,
                            cursor,
                            new String[]{ID,NAME,SEX,AGE},
                            new int[]{R.id.textView1,R.
id.textView2,R.id.textView3,R.id.textView4},
                            CursorAdapter.FLAG_REGISTER_CONTENT_
OBSERVER);
                    listView.setAdapter(sCursorAdapter);
                }
            }
        });
    }
    @SuppressLint("WrongConstant")
    public void createDatabse()
{
    //创建或打开数据库
        db=openOrCreateDatabase(DATABASENAME, SQLiteDatabase.
CREATE_IF_NECESSARY, null);
}
//创建表
    public void createTable()
    {
        String sql="CREATE TABLE "+
                TABLENAME+"("+
                ID+"INTEGER PRIMARY KEY AUTOINCREMENT,"+
                NAME+"TEXT,"+
                SEX+"TEXT,"+
                AGE+"TEXT);";
        db.execSQL(sql);                        //执行SQL语句
    }
}
```

运行程序，初始效果如图 9-15 所示。在文本框中输入内容，点击"添加"按钮，这个时候程序会将数据保存到 database.db 数据库的 userInfo 数据表中，并清空文本框，如图 9-16 所示。接着点击"查询"按钮，程序会从 database.db 数据库的 userInfo 数据表中取出数据并显示在列表中，如图 9-17 所示。

图 9-15 初始效果

图 9-16 点击"添加"按钮

图 9-17 点击"查询"按钮

知识拓展

1. 什么是URI

URI是 Universal Resource Identifier 的缩写，也就是通用资源标志符的意思。它的作用就是告诉使用者，数据的具体位置，所以 URI 中一定包含有数据的路径。事实上，在 android 的 Uri 主要包括 3 个部分。

（1）"content：//"：Android 命名机制规定所有的内容提供者 Uri 必须以"content：//"开头。

（2）数据路径：通过该路径其他的应用程序可以顺利地找到具体数据。

（3）ID：这个是可选的，如果不填表示取得所有的数据。

举几个例子也许可以更形象地说明问题。

（1）content://contacts/peopl：这个 Uri 的意思是所有的联系人信息，因为它最后没有包含具体的 ID。

（2）content://contacts/people/1：这个 Uri 的意思是 ID 为 1 的联系人的信息。

（3）content://media/externa：这个 Uri 的意思是所有的媒体信息。

当然，我们在很多时候并不需要接触这些长长的 Uri，因为 Android 已经帮助定义了一些常量用来代替这些 Uri。

2. 使用数据库帮助类

在实际的应用开发中，程序员并不是在程序运行时创建数据库，然后操作它，最后程序退出时删除它。我们使用数据库的目的往往是持久地保持数据以备使用。为了能更好地管理数据库，Android SDK 提供了数据库的一个帮助类——SQLiteOpenHelper。要使用 SQLiteOpenHelper 类需要经过如下步骤。

（1）继承 SQLiteOpenHelper 类。要使用该帮助类，首先要继承它，并重写 onCreate() 方法、onOpen() 方法及 onUpgrade() 方法，这一点与 Activity 比较类似。在数据库被创建时，系统会调用 onCreate() 方法，一般在该方法中会完成表的创建。在数据库更新时，系统会调用 onUpgrade()

方法，在这个方法里可以完成一些在数据库更新时希望进行的工作，如提醒用户数据库版本发生改变等。

> 注意：与 Activity 调用不同的是，并非每次得到数据库的实例，系统都会调用 onCreate() 方法，而是只有在数据库被第一次创建时该方法才会被调用。onOpen() 方法则是在每次打开数据库时都会被调用。

（2）得到帮助类的对象。通过帮助类的构造方法可以顺利地得到帮助类的对象：

```
DatabaseHelper helper=new DatabaseHelper(Context context, String
name, CursorFactory factory, int version)
```

参数介绍如下。

①context：上下文关系，这里不再赘述。

②name：数据库的名字，前文提到 SQLite 数据库是以数据库的名字为标示来打开或操作的。

③factory：Cursor 工厂，当查询时自动生成一个 Cursor 对象，一般该参数设置为空。

④version：版本，设置数据库的版本以便管理和更新。

> 注意：这里的自己创建的 DatabaseHelper 是继承了 SQLiteOpenHelper 的类。

（3）获得数据库。顺利地获得数据库帮助类的对象后，无论在什么时候，都可以很方便地得到一个可读或可写数据库，得到可写数据库的具体语法格式如下：

```
SQLiteOpenHelper.getWritableDatabase()
```

或可以通过以下方法得到可读数据库：

```
SQLiteOpenHelper.getReadableDatabase()
```

通过以上的 3 个步骤可以更高效地使用数据库来帮助开发。

3. 自定义 ContentProvider

开发者除了可以使用系统自带的 ContentProvider，还可以使用自定义的 ContentProvider。一个自定义的 ContentProvider 需要实现一组标准的接口，还需在 AndroidManifest 文件中进行注册。

（1）创建 ContentProvider。自定义 ContentProvider 的第一步就是要创建一个继承自 ContentProvider 的类。具体的操作步骤如下。

①右击项目，弹出菜单，选择"New|Other|Content Provider"命令。

②弹出"New Android Component"对话框，直接选择默认，填入"URI Authorities"，如图 9-18 所示。

图 9-18 "New Android Component" 对话框

> 注意：URI Authorities 是授权信息，用于区分不同的 ContentProvider。

③点击 "Finish" 按钮，新生成的 ContentProvider 名称为 "MyContentProvider"，对应保存在 java 文件夹中，代码如下：

```
package com.example.myapplication;
import android.content.ContentProvider;
import android.content.ContentValues;
import android.database.Cursor;
import android.net.Uri;
public class MyContentProvider extends ContentProvider {
    public MyContentProvider() {
    }
    @Override
    public int delete(Uri uri, String selection, String[]
selectionArgs) {
        throw new UnsupportedOperationException("Not yet
implemented");
    }
    @Override
    public String getType(Uri uri) {
        throw new UnsupportedOperationException("Not yet
implemented");
    }
    @Override
    public Uri insert(Uri uri, ContentValues values) {
        throw new UnsupportedOperationException("Not yet
implemented");
```

```
    }
    @Override
    public boolean onCreate() {
        return false;
    }
    @Override
    public Cursor query(Uri uri, String[] projection, String
selection,
                        String[] selectionArgs, String
sortOrder) {
        throw new UnsupportedOperationException("Not yet
implemented");
    }
    @Override
    public int update(Uri uri, ContentValues values, String
selection,
                      String[] selectionArgs) {
        throw new UnsupportedOperationException("Not yet
implemented");
    }
}
```

换言之，只要我们实现了以上的 6 个方法，就完成了数据从私有到共享的转变。

（2）实现ContentProvider。在实现以上 6 个方法前，还需要定义常量，第一定义 Uri，第二，定义数据列名。

①定义 Uri。众所周知，要访问ContentProvider必须使用 Uri 来寻找到其具体的位置，那么作为一个ContentProvider，开发者必须提供一个 Uri，名称为CONTENT_URI，且以 "content：//" 开头。一般情况下，它包含 3 个部分。

● 头部：content：//。

● 授权：authority，一般可以填写完整的类名，以保证唯一。

● 表名：需要暴露的数据的表名，该部分可以不填写。

这里，我们将其Uri定义为：

```
public static final Uri CONTENT_URI=Uri.parse("content://"+AUTHO
RITY+"/"+DatabaseHelper.TABLENAME);
```

②定义数据列名。所有使用该Provider的用户都必须知道其提供的数据究竟有哪些，所以必须要在类中加以定义，本实例中我们可以提供如下的数据列以供查询：

```
public final static String NAME="name";
public final static String SEX="sex";
public final static String AGE="age";
public final static String HOBBY="hobby";
public final static String PASSWORD="password";
```

完成常量定义后，就是对 6 个方法的实现。这里就不再进行讲解了。

（3）更新 AndroidManifest 文件。实现完 ContentProvider 文件后不要忘记更新注册文件，此时 AndroidManifest.xml 文件中需要添加的代码如下：

```xml
<?xml version="1.0" encoding="utf-8"?>
<manifest xmlns:android="http://schemas.android.com/apk/res/
android"
    package="com.example.myapplication">
    <application
        ……>
        <provider
            android:name=".MyContentProvider"
            android:authorities="com.example.myapplication"
            android:enabled="true"
            android:exported="true"></provider>
        <activity
            ……>
            ……
        </activity>
    </application>
</manifest>
```

注意：如果使用上文中提到的方式创建 ContentProvider，加粗的部分会自动添加到 AndroidManifest.xml 文件中。

本章习题

一、填空题

1. 使用 SQLiteDatabase 的 _____ 方法可以实现查询。

2. SQLiteDatabase 的 insert() 方法可以实现 _____ 记录。

二、选择题

1. 下列可以获取 SharedPreferences 对象的方法是（　　　）。

A. getSharedPreferences()　　　　　　　　B. edit()

C. putString()　　　　　　　　　　　　　D. 其他

2. 下列可以实现查询一张表中的所有数据的代码是（　　　）。

A. SELECT * FROM TABLENAME

B. SELECT * FROM TABLENAME WHERE id=1

C. SELECT * FROM

D. 其他

三、判断题

1. SQLite 是 Android 自带的一个轻量级的数据库，支持基本 SQL 语法。 （　　）

2. SQLiteDatabase 类的 update() 方法用于删除数据库表中的数据。 （　　）

四、操作题

使用 SharedPreferences 实现新进员工的登记。

注意：此题中需要有一个界面，在此界面中有 2 个文本框控件、2 个按钮控件和 1 个文本视图。在 2 个文本框中需要用户输入姓名和入职时间，在输入内容后，点击"添加"按钮，输入的内容会使用 SharedPreferences 进行保存，点击"显示"按钮，会在文本视图中显示使用 SharedPreferences 保存的内容。

第 10 章

Android 网络编程

当今的移动设备最重要的一个功能就是可以连接网络，实现上网的功能。而在网络中最常见的数据传输方式就是HTTP。在此协议的基础上，Android提供了HttpUriConnection的编程方式。本章将主要讲解这种网络编程方式及WebView使用方法。

知识入门

1. HTTP介绍

超文本传输协议（Hyper Text Transfer Protocol，HTTP），是一种用于分布式、协作式和超媒体信息系统的应用层协议。HTTP是万维网的数据通信的基础。HTTP的特点如下。

（1）支持客户/服务器模式。

（2）简单快速：客户向服务器请求服务时，只须传送请求方法和路径。请求方法常用的有GET、HEAD、POST。不同方法规定了客户与服务器联系的不同类型。由于HTTP简单，故HTTP服务器的程序规模小，因而通信速度很快。

（3）灵活：HTTP允许传输任意类型的数据对象。传输的类型由Content-Type加以标记。

（4）无连接：无连接的含义是限制每次连接只处理一个请求。服务器处理完客户的请求，并收到客户的应答后，即断开连接。采用这种方式可以节省传输时间。

（5）无状态：HTTP是无状态协议。无状态是指协议对于事务处理没有记忆能力。缺少状态意味着如果后续处理需要前面的信息，则它必须重传，这样可能导致每次连接传送的数据量增大。另一方面，在服务器不需要了解先前信息时，应答较快。

2. URL

它是超文本传输协议（HTTP）的统一资源定位符（Uniform Resource Locator），一般语法格式如下：

```
protocol:// hostname[:port]/path/[:parameters][?query]#fragment
```

各部分的介绍如下。

（1）protocol：协议，常用的协议是HTTP。

（2）hostname：主机地址，可以是域名，也可以是IP地址。

（3）port：端口，HTTP默认端口是80端口。

（4）path：路径，网络资源在服务器中的指定路径。

（5）parameter：参数，如果要向服务器传入参数，在这部分输入。

（6）query：查询字符串，如果需要从服务器查询内容，在这里编辑。

（7）fragment：片段，网页中可能会分为不同的片段，如果想访问网页后直接到达指定位置，可以在这部分设置。

3. HTTP的请求方式

HTTP请求方法有8种，分别是GET、POST、HEAD、PUT、DELETE、TRACE、CONNECT、OPTIONS。介绍如下。

（1）GET：请求获取Request-URI所标识的资源。

（2）POST：在Request-URI所标识的资源后附加新的数据。

（3）HEAD：请求获取由Request-URI所标识的资源的响应消息报头。

（4）PUT：请求在服务器上存储一个资源，并用Request-URI作为其标识。

（5）DELETE：请求服务器删除Request-URI所标识的资源。

（6）TRACE：请求服务器回送收到的请求信息，主要用于测试或诊断。

（7）CONNECT：HTTP/1.1中预留给能够将连接改为管道方式的代理服务器。

（8）OPTIONS：请求查询服务器的性能，或者查询与资源相关的选项和需求。

其中，PUT、DELETE、POST、GET非常类似于数据库的增删改查，对于移动开发最常用的就是POST和GET了。

4. HTTPS介绍

HTTPS 的全称是Hyper Text Transfer Protocol over Secure Socket Layer，是以安全为目标的HTTP 通道。它在HTTP的基础上通过传输加密和身份认证保证了传输过程的安全性。HTTPS在HTTP的基础上加入SSL，其安全基础是SSL。因此加密的详细内容就需要SSL。

 ## 使用HttpURLConnection

HttpURLConnection是一个支持HTTP特定功能的接口。本节将讲解如何使用HttpURLConnection的GET方法和POST方法。

10.1.1 使用GET方法

使用HttpURLConnection的GET方法需要完成6个步骤，分别为创建URL对象、得到HttpURLConnection连接对象、设置该连接对象、得到输入流、从流中读取返回的结果并进行处理、关闭流。以下将详细介绍这6个步骤。

1. 创建URL对象

在浏览网站时，用到的网址就是URL。创建URL对象也很简单，将网址作为字符串参数传递到URL的构造函数，如以下的代码：

```
URL url=new URL(https://developer.android.google.cn/reference/
kotlin/java/net/HttpURLConnection?hl=en);
```

2. 得到连接对象

连接对象不使用New方法，而是通过第一步创建的URL对象的openConnection()方法得到，代码如下：

```
HttpURLConnection connection=(HttpURLConnection)url.
openConnection();
```

3. 设置连接对象

可以设置取得的连接对象的一系列属性，最常用的包括 5 个，介绍如下。

（1）setDoInput()：设置是否从 httpUrlConnection 读入，默认情况下是 true。

（2）setDoOutput()：设置是否向 httpUrlConnection 输出。

（3）setRequestMethod()：设定请求的方法，默认是 GET。

（4）setConnectTimeout()：设置连接主机超时，单位为毫秒。

（5）setUseCaches()：设置是否使用缓存。

4. 得到输入流

从连接中使用 getInputStream() 方法可以得到输入流，形式如下：

```
URLConnection.getInputStream() throws IOException
```

一般情况下，得到输入流后还须对其进行包装，这样可以使 IO 操作更具效率。

5. 从流中读取结果

得到流之后，就可以从中读取结果了，这里推荐使用 BufferedReader 的 readLine() 方法。

6. 关闭流

不再使用流的时候，调用 close() 方法将其关闭。

10.1.2 使用 POST 方法

POST 方法与 GET 方法不同，它的参数不能直接写在 URL 中，而是在 HTTP 的包体中，具体到实现就是要通过 OutputStream 写数据。除此之外，POST 与 GET 方法大同小异，使用步骤如下。

（1）新建 URL 对象。

（2）获得 HttpUriConnection 连接对象。

（3）设置连接对象。

（4）获得输出流，写入数据。

（5）获得输入流，读取返回的数据。

（6）关闭流。

以上步骤与 GET 方法大致相同，只是第三步和第四步有所区别。在第三步中设置连接对象时，需要将其设置为 POST，代码如下：

```
HttpURLConnection.setRequestMethod("POST")
```

在第四步中获得输出流，方法为：

```
URLConnection.getOutputStream() throws IOException
```

写入数据时要注意对数据进行编码，方法为：

```
URLEncoder.encode(String s, String enc)  throws
UnsupportedEncodingException
```

其中，s是需要传输的内容，enc是编码方式。该方法返回的值是一个String类型字符串，这就是在网上传输的数据。最后不要忘记使用完毕后调用close()方法关闭流。

获取网页的HTML文档

获取网页的
HTML 文档

任务描述

（1）显示一个界面，该界面中有 4 个控件，分别为 1 个滚动视图、1 个文本视图和 2 个按钮控件。2 个按钮控件中一个为GET按钮，一个为POST按钮。

（2）点击GET按钮，以GET方式获取指定网页的HTML文档，并将文档显示在文本视图中；点击POST按钮后，以POST方式获取指定网页的HTML文档，并将文档显示在文本视图中。

任务实施

1. 创建项目

创建Android项目，项目名为HttpUriConnectionDemo。

2. 修改 AndroidManifest.xml 文件的代码

在 AndroidManifest.xml 文件中，添加权限代码和使用明文网络流量代码，代码如下：

```xml
<?xml version="1.0" encoding="utf-8"?>
<manifest xmlns:android="http://schemas.android.com/apk/res/android"
    package="com.example.httpurlconnectiondemo">
    <uses-permission android:name="android.permission.INTERNET"></uses-permission>
    <application
        ......
        android:usesCleartextTraffic="true">
        <activity
            ......>
            ......
        </activity>
    </application>
</manifest>
```

3. 修改 activity_main.xml 文件的代码

在 activity_main.xml 文件中实现对界面的布局，代码如下：

```xml
<?xml version="1.0" encoding="utf-8"?>
<LinearLayout xmlns:android="http://schemas.android.com/apk/res/android"
    android:orientation="vertical"
    android:layout_width="fill_parent"
    android:layout_height="fill_parent">
    <ScrollView
```

```
        android:layout_width="fill_parent"
        android:layout_height="400dp">
        <TextView
            android:id="@+id/tv"
            android:layout_width="fill_parent"
            android:layout_height="wrap_content"
            android:text=""
            android:textSize="20sp"/>
    </ScrollView>
    <Button
        android:id="@+id/post"
        android:layout_width="fill_parent"
        android:layout_height="wrap_content"
        android:text="POST"/>
    <Button
        android:id="@+id/get"
        android:layout_width="fill_parent"
        android:layout_height="wrap_content"
        android:text="GET"/>
</LinearLayout>
```

4. 修改 MainActivity 文件的代码

打开 MainActivity 文件，编写代码，实现获取指定网页的 HTML 文档。代码如下（限于篇幅，这里只展示关键代码）：

```
……
public class MainActivity extends AppCompatActivity {
    TextView tv;
    Button btnPost;
    Button btnGet;
    @Override
    protected void onCreate(Bundle savedInstanceState) {
        super.onCreate(savedInstanceState);
        setContentView(R.layout.activity_main);
        StrictMode.setThreadPolicy(new StrictMode.ThreadPolicy.
Builder().detectDiskReads().detectDiskWrites().detectNetwork().
penaltyLog().build());
        ……
        // 按钮的点击监听
        View.OnClickListener listener=new View.OnClickListener()
        {
            @Override
            public void onClick(View v)
            {
                int id=v.getId();
```

```
            if (id==R.id.post)
            {
                doPost();
            }
            else
            {
                doGet();
            }
        }
    };
    //设置监听
    btnPost.setOnClickListener(listener);
    btnGet.setOnClickListener(listener);
}
//以GET方式获取指定网页的HTML文档
    public void doGet()
    {
        try
        {
            URL url=new URL("https://www.baidu.com");
    //创建URL对象
            HttpURLConnection connection=(HttpURLConnection)url.
openConnection();//得到连接对象
            connection.setDoInput(true);
                                        //从HttpURLConnection读入
            connection.setDoOutput(true);
                                        //向HttpURLConnection输出
            connection.setConnectTimeout(6000);
                                        //设置连接主机超时
            connection.setRequestMethod("GET");
                                        //设定请求的方法
            //得到连接的输入流
            InputStreamReader isr=new
            InputStreamReader(connection.getInputStream());
            BufferedReader br=new BufferedReader(isr);
                                        //再次包装为缓冲流
            String tempResult=null;
            String result=null;
            //读取保存的结果
            while((tempResult=br.readLine())!=null)
            {
                result += tempResult+"\n";
            }
            tv.setText(result);         //显示结果
```

```
                br.close();
                isr.close();
            }
            catch (IOException e)
            {
                // TODO Auto-generated catch block
                e. printStackTrace();
            }
    }
//以 POST 方式获取指定网页的 HTML 文档
    public void doPost()
    {
        try
        {
            URL url=new URL("http://search.dangdang.com/?");
            HttpURLConnection connection=(HttpURLConnection)url.
openConnection();
            connection.setDoInput(true);
            connection.setDoOutput(true);
            connection.setRequestMethod("POST");
            connection.setUseCaches(false);
                        //设置不能使用缓存，POST() 方法不可以使用缓存
            connection.connect();
                        //开始连接，在连接前清确认设置工作全部完毕
//得到输出流
            DataOutputStream dos=new
DataOutputStream(connection.getOutputStream());
            //需要写的参数
            String params="key="+ URLEncoder.encode("Android",
"gb2312")+
                "act="+ URLEncoder.encode("input",
"gb2312");
            dos.write(params.getBytes());   //将参数写入流中
            dos.flush();                     //将流中的数据全部写入
            dos.close();
            InputStreamReader isr=new
InputStreamReader(connection.getInputStream());
            BufferedReader br=new BufferedReader(isr);
            String tempResult=null;
            String result=null;
            while((tempResult=br.readLine())!=null)
            {
                result += tempResult+"\n";
            }
```

```
                tv.setText(result);
            }
            catch (MalformedURLException e)
            {
e. printStackTrace();
            }
            catch (IOException e)
            {
e. printStackTrace();
            }
        }
    }
```

运行程序，初始效果如图 10-1 所示。点击"POST"按钮后，获取的指定网页的 HTML 文档会显示在文本视图中，如图 10-2 所示。点击"GET"按钮后，获取的指定网页的 HTML 文档会显示在文本视图中，如图 10-3 所示。

图 10-1　初始效果

图 10-2　点击"POST"
按钮效果

图 10-3　点击"GET"
按钮效果

使用 WebView

WebView 在 Android 平台上是一个特殊的视图（View），其主要功能是与网页进行响应交互，快捷省时地实现如期的功能，相当于增强版的内置浏览器。本节将对 WebView 进行详细的讲解。

10.2.1 直接加载网页

要使用 WebView 浏览网页，只须要完成以下四步。

（1）在布局文件中添加 WebView 控件。

（2）在 Activity 中实例化 WebView 组件。

直接加载网页

（3）使用setWebViewClient()方法设置WebView客户端，如果不设置则使用内置的浏览器。

（4）使用loadUrl()方法让WebView控件加载显示网页。

实例 10-1 实现在WebView中显示百度网页。

（1）创建Android项目，项目名为ShowWebPage。

（2）打开AndroidManifest.xml文件添加权限及使用明文网络流量的代码：

```xml
<?xml version="1.0" encoding="utf-8"?>
<manifest xmlns:android="http://schemas.android.com/apk/res/
android"
    package="com.example.showwebpage">
    <uses-permission android:name="android.permission.
INTERNET"></uses-permission>
    <application
    ......
        android:usesCleartextTraffic="true">
        <activity
            ......>
            ......
        </activity>
    </application>
</manifest>
```

（3）打开activity_main.xml文件，添加WebView控件。代码如下：

```xml
<?xml version="1.0" encoding="utf-8"?>
<LinearLayout xmlns:android="http://schemas.android.com/apk/res/
android"
    xmlns:app="http://schemas.android.com/apk/res-auto"
    xmlns:tools="http://schemas.android.com/tools"
    android:layout_width="match_parent"
    android:layout_height="match_parent"
    tools:context=".MainActivity">
    <WebView
        android:id="@+id/wb"
        android:layout_width="match_parent"
        android:layout_height="match_parent"/>
</LinearLayout>
```

（4）打开MainActivity文件，实现对WebView的实例化、设置客户端及加载显示网页的功能。代码如下：

```java
package com.example.showwebpage;
import androidx.appcompat.app.AppCompatActivity;
import android.os.Bundle;
import android.os.StrictMode;
import android.webkit.WebView;
```

```
import android.webkit.WebViewClient;
public class MainActivity extends AppCompatActivity {
    @Override
    protected void onCreate(Bundle savedInstanceState) {
        super.onCreate(savedInstanceState);
        setContentView(R.layout.activity_main);
        StrictMode.setThreadPolicy(new StrictMode.ThreadPolicy.
Builder().detectDiskReads().detectDiskWrites().detectNetwork().
penaltyLog().build());
        WebView webView=(WebView)findViewById(R.id.wb);
                                        //实例化
        webView.setWebViewClient(new WebViewClient());
                                        //设置客户端
        webView.loadUrl("https://www.baidu.com");
                                        //加载网页
    }
}
```

运行程序，会看到如图 10-4 所示的效果。

图 10-4　运行效果

10.2.2 加载 HTML 代码

在进行 Android 开发时，对应的一些帮助信息可以使用 HTML 代码进行显示。WebView 提供了 loadDataWithBaseURL() 方法来加载 HTML 代码。该方法的形式如下：

加载 HTML 代码

```
loadDataWithBaseURL (String baseUrl, String data, String
mimeType, String encoding, String historyUrl)
```

参数介绍如下。

（1）baseUrl：指定当前页使用的基本 URL。

（2）data：指定要显示的字符串数据。

（3）mimeType：指定要显示内容的 MIME 类型。

（4）encoding：指定数据的编码方式。

（5）historyUrl：指定当前页的历史 URL。

实例 10-2 以 ShowWebPage 项目为基础，显示一个 HTML 代码。代码如下（限于篇幅，这里只展示关键代码）：

```
......
public class MainActivity extends AppCompatActivity {
    @Override
    protected void onCreate(Bundle savedInstanceState) {
        ......
        webView.setWebViewClient(new WebViewClient());
        StringBuilder sb=new StringBuilder();
        sb.append("<div>从以下食物中选择最爱的食物：</div>");
        sb.append("<ul>");
        sb.append("<li>苹果</li>");
        sb.append("<li>香蕉</li>");
        sb.append("<li>西瓜</li>");
        sb.append("<li>哈密瓜</li>");
        sb.append("<li>樱桃</li>");
        sb.append("</ul>");
        String sbString=sb.toString();
        webView.loadDataWithBaseURL(null, sbString, "text/html",
"utf-8",null);
    }
}
```

运行程序，效果如图 10-5 所示。

图 10-5　运行效果

10.2.3　JavaScript 支持

默认情况下，WebView 是不支持 JavaScript 的，如果想让 WebView 支持 JavaScript，只须要完成以下 2 个步骤即可。

（1）使用 WebView 的 WebSettings 对象提供的 setJavaScriptEnabled() 方法让 JavaScript 可用。代码如下：

```
webView.getSettings().setJavaScriptEnabled(true);
```

（2）此时对于网页中大部分 JavaScript 代码都是可用的，但是对于通过 window.alert() 方法弹出的对话框并不可用，还需要使用到 WebView 的 setWebChromeClient() 方法，代码如下：

```
webView.setWebChromeClient(new WebChromeClient());
```

实现天气预报

实现天气预报

任务描述

（1）显示一个天气预报的界面，在此界面中有 4 个按钮，分别为"北京""上海""广州"和"深圳"。

（2）点击"北京"按钮，显示北京地区的天气预报；点击"上海"按钮，显示上海地区的天气预报；点击"广州"按钮，显示广州地区的天气预报；点击"深圳"按钮，显示深圳地区的天气预报。

任务实施

1. 创建项目

创建 Android 项目，项目名为 WeatherDemo。

2. 修改 AndroidManifest.xml 文件的代码

在 AndroidManifest.xml 文件中，添加权限代码和使用明文网络流量代码。代码如下：

```xml
<?xml version="1.0" encoding="utf-8"?>
<manifest xmlns:android="http://schemas.android.com/apk/res/
android"
    package="com.example.weatherdemo">
    <uses-permission android:name="android.permission.
INTERNET"></uses-permission>
    <application
        ......
        android:usesCleartextTraffic="true">
        <activity
            ......>
            ......
        </activity>
    </application>
</manifest>
```

3. 修改 activity_main.xml 文件的代码

在 activity_main.xml 文件中实现对界面的布局，代码如下：

```xml
<?xml version="1.0" encoding="utf-8"?>
<LinearLayout xmlns:android="http://schemas.android.com/apk/res/
android"
    android:orientation="vertical"
    android:layout_width="fill_parent"
    android:layout_height="fill_parent">
    <LinearLayout
        android:layout_width="fill_parent"
        android:layout_height="60dp"
        android:orientation="horizontal"
```

```
        android:gravity="center">
        <Button
            android:id="@+id/bj"
            android:layout_width="wrap_content"
            android:layout_height="wrap_content"
            android:text="北京"/>
        <Button
            android:id="@+id/sh"
            android:layout_width="wrap_content"
            android:layout_height="wrap_content"
            android:text="上海"/>
        <Button
            android:id="@+id/gz"
            android:layout_width="wrap_content"
            android:layout_height="wrap_content"
            android:text="广州"/>
        <Button
            android:id="@+id/sz"
            android:layout_width="wrap_content"
            android:layout_height="wrap_content"
            android:text="深圳"/>
    </LinearLayout>
    <WebView
        android:id="@+id/wb"
        android:layout_width="match_parent"
        android:layout_height="match_parent"/>
</LinearLayout>
```

4. 修改 MainActivity 文件的代码

打开 MainActivity 文件，编写代码，实现点击按钮显示对应地区的天气预报。代码如下（限于篇幅，这里只展示关键代码）：

```
……
public class MainActivity extends AppCompatActivity {
    WebView webView;
    @Override
    protected void onCreate(Bundle savedInstanceState) {
        ……
        View.OnClickListener listener=new View.OnClickListener()
        {
            @Override
            public void onClick(View v)
            {
                int id=v.getId();
                if(id==R.id.bj){
```

```
                openUrl("101010100");
            }
            if(id==R.id.sh){
                openUrl("101020100");
            }
            if(id==R.id.gz){
                openUrl("101280101");
            }
            if(id==R.id.sz){
                openUrl("101280601");
            }
        }
    };
    //设置监听
    bjBtn.setOnClickListener(listener);
    shBtn.setOnClickListener(listener);
    gzBtn.setOnClickListener(listener);
    szBtn.setOnClickListener(listener);
    }
    void openUrl(String id){
        webView.loadUrl("http://m.weather.com.cn/
mweather/"+id+".shtml");                //加载网址
    }
}
```

运行程序，点击"北京"按钮，显示北京地区的天气预报，如图 10-6 所示。

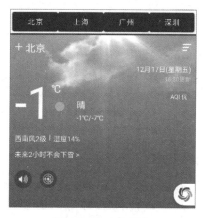

图 10-6　天气预报

 任务 10-3

实现自定义浏览器

任务描述

（1）显示一个浏览器界面，在此界面中有 1 个文本框和 3 个按钮，3 个按钮分别是"前往"

实现自定义
浏览器

"前进"和"后退"。

（2）点击"前往"按钮，会加载文本框中输入的网址；点击"前进"按钮，实现前进；点击"后退"，实现后退。

任务实施

1. 创建项目

创建 Android 项目，项目名为 BrowserDemo。

2. 修改 AndroidManifest.xml 文件的代码

在 AndroidManifest.xml 文件中，添加权限代码和使用明文网络流量代码。代码如下：

```xml
<?xml version="1.0" encoding="utf-8"?>
<manifest xmlns:android="http://schemas.android.com/apk/res/android"
    package="com.example.browserdemo">
    <uses-permission android:name="android.permission.INTERNET"></uses-permission>
    <application
        ......
        android:usesCleartextTraffic="true">
        <activity
            ......>
            ......
        </activity>
    </application>
</manifest>
```

3. 修改 activity_main.xml 文件的代码

在 activity_main.xml 文件中实现对界面的布局，代码如下：

```xml
<?xml version="1.0" encoding="utf-8"?>
<LinearLayout xmlns:android="http://schemas.android.com/apk/res/android"
    android:orientation="vertical"
    android:layout_width="fill_parent"
    android:layout_height="fill_parent">
    <LinearLayout
        android:orientation="horizontal"
        android:layout_width="fill_parent"
        android:layout_height="60dp"
        android:gravity="center">
        <EditText
            android:layout_width="270dp"
            android:layout_height="wrap_content"
            android:id="@+id/et"
            android:text="https://www.baidu.com"
```

```
                    android:singleLine="true"/>
            <Button
                android:layout_width="80dp"
                android:layout_height="wrap_content"
                android:id="@+id/go"
                android:textSize="20sp"
                android:text="前往"/>
        </LinearLayout>
        <LinearLayout
            android:orientation="horizontal"
            android:layout_width="fill_parent"
            android:layout_height="60dp"
            android:gravity="center">
            <Button
                android:layout_width="100dp"
                android:layout_height="wrap_content"
                android:id="@+id/goF"
                android:textSize="20sp"
                android:text="前进"/>
            <Button
                android:layout_width="100dp"
                android:layout_height="wrap_content"
                android:id="@+id/goB"
                android:textSize="20sp"
                android:text="后退"/>
        </LinearLayout>
        <WebView
            android:layout_width="fill_parent"
            android:layout_height="wrap_content"
            android:id="@+id/wb"/>
</LinearLayout>
```

4. 修改 MainActivity 文件的代码

打开 MainActivity 文件，编写代码，实现浏览器功能。代码如下（限于篇幅，这里只展示关键代码）：

```
......
public class MainActivity extends AppCompatActivity {
    WebView wb;
    @Override
    protected void onCreate(Bundle savedInstanceState) {
        ......
        WebViewClient client=new WebViewClient(){
            //重写页面开始加载方法
            @Override
```

```
            public void onPageStarted(WebView view, String url,
Bitmap favicon)
            {
                    Toast.makeText(view.getContext(), "正在载入... ",
Toast.LENGTH_SHORT).show();
                    super.onPageStarted(view, url, favicon);
            }
            //重写页面加载结束方法
            @Override
            public void onPageFinished(WebView view, String url)
            {
                    Toast.makeText(view.getContext(), "载入结束... ",
Toast.LENGTH_SHORT).show();
                    super.onPageFinished(view, url);
            }
            //重写加载资源方法
            @Override
            public void onLoadResource(WebView view, String url)
            {
                    Toast.makeText(view.getContext(), "正在载入:
"+url, Toast.LENGTH_SHORT).show();
                    super.onLoadResource(view, url);
            }
        };
        webView.setWebViewClient(client);
        go.setOnClickListener(new View.OnClickListener()
        {
            public void onClick(View arg0)
            {
                String url=et.getText().toString();
                if(URLUtil.isNetworkUrl(url))
                {
                    webView.loadUrl(url);        //加载
                }
                else
                {
                    Toast.makeText(getBaseContext(), "网址非法",
Toast.LENGTH_SHORT).show();
                }
            }
        });
        goF.setOnClickListener(new View.OnClickListener()
        {
        public void onClick(View arg0)
```

```
        {
            webView.goForward();           //前进
        }
    });
    goB.setOnClickListener(new View.OnClickListener()
    {
        public void onClick(View arg0)
        {
            webView.goBack();              //后退
        }
    });
    }
}
```

运行程序，初始效果如图 10-7 所示。点击"前往"按钮，会加载文本框中指定的网址，如图 10-8 所示。当浏览多个内容后，点击"后退"按钮，返回上一个页面；点击"前进"按钮，显示下一个页面。

图 10-7　初始效果

图 10-8　加载指定网址

知识拓展

URI 是 Uniform Resource Identifier 的简称，即统一资源标识符，用来唯一地标识一个资源。Web 上可用的每种资源如 HTML 文档、图像、视频片段、程序等都是由一个 URI 来定位的。URI 一般由 3 部分组成。

（1）访问资源的命名机制。

（2）存放资源的主机名。

（3）资源自身的名称，由路径表示，着重强调于资源。

URL 是 Uniform Resource Locator 的简称，即统一资源定位器。它是一种具体的 URI，即 URL 不但可以用来标识一个资源，而且还指明了如何定位这个资源。采用 URL 可以用一种统一的格式来描述各种信息资源，包括文件、服务器的地址和目录等。URL一般由3部分组成。

（1）协议（或称为服务方式）。

（2）存有该资源的主机IP地址，有时也包括端口号。

（3）主机资源的具体地址，如目录和文件名等。

URI是以一种抽象的、高层次概念定义统一资源标识，而URL则是一种具体的资源标识的方式。URL是一种具体的URI。笼统地说，每个URL都是URI，但不一定每个 URI 都是 URL。这是因为 URI 还包括一个子类，即统一资源名称（URN），它命名资源但不指定如何定位资源。

本章习题

一、填空题

1. HTTP请求方法有 8 种，分别是 _____、_____、DELETE、PUT、HEAD、TRACE、CONNECT、OPTIONS。

2. Android平台上的 _____ 视图的主要功能是与网页进行响应交互。

二、选择题

1. 下列设置是否使用缓存的方法是（　　　）。

A. setUseCaches()　　　　　　　　　　B. setConnectTimeout()

C. setDoInput()　　　　　　　　　　　D. setDoOutput()

2. 下列在 WebView 视图让 JavaScript 可用的方法是（　　　）。

A. setConnectTimeout()　　　　　　　　B. setJavaScriptEnabled()

C. setDoInput()　　　　　　　　　　　D. setDoOutput()

三、判断题

1. 超文本传输协议的英文名称为 Hyper Text Transfer Protocol，简称HTTP。　　　　　（　　　）

2. setRequestMethod()方法可以设定请求的方式，默认是POST。　　　　　　　　　（　　　）

四、操作题

在 WebView 中加载一个HTML代码，此代码的内容为 X\<sup\>3\</sup\>+ 5X\<sup\>2\</sup\>-3=0\<br\>\<br\>。

第 11 章

Android 管理器与地图服务

Android最常用的2个管理器分别为电话管理器和短信管理器。通过使用这2个管理器，开发人员可以很方便地发送短信或获取手机的通话状态信息等。同时，地图服务在很多应用中也是必不可少的。本章将介绍这些内容。

知识入门

1. SHA1 介绍

安全散列算法 1（Secure Hash Algorithm 1，简称 SHA1）是一种密码散列函数，由美国国家安全局设计，并由美国国家标准技术研究所（NIST）发布为联邦数据处理标准（FIPS）。SHA1 可以生成一个被称为消息摘要的 160 位（20 字节）散列值，散列值通常的呈现形式为 40 个十六进制数。开发者可以使用以下的命令获取 SHA-1。

```
keytool -list -v -keystore C:\Users\***\.android\debug.keystore
```

其中，C:\Users***\.android\debug.keystore 是 debug.keystore 的路径。运行此命令后，会要求输入密码，默认是 android，输入后，会输出以下的内容：

```
Keystore type: PKCS12
Keystore provider: SUN
Your keystore contains 1 entry
Alias name: androiddebugkey
Creation date: 2021-11-30
Entry type: PrivateKeyEntry
Certificate chain length: 1
Certificate[1]:
Owner: C=US, O=Android, CN=Android Debug
Issuer: C=US, O=Android, CN=Android Debug
Serial number: 1
Valid from: Tue Nov 30 00:03:48 CST 2021 until: Thu Nov 23
00:03:48 CST 2051
Certificate fingerprints:
        SHA1: 3E:EC:30:AD:D5:72:B2:33:D1:07:59:4F:4D:C9:7B:2E:B
1:9B:42:EF
        SHA256: 64:EE:80:BA:4D:7E:8D:FD:29:18:2A:91:0E:05:5B:01
:04:2A:E8:62:53:30:0E:C5:B5:29:A9:C6:CD:86:B7:84
Signature algorithm name: SHA1withRSA (weak)
Subject Public Key Algorithm: 2048-bit RSA key
Version: 1
*********************************************
*********************************************
Warning:
<androiddebugkey> uses the SHA1withRSA signature algorithm which
is considered a security risk. This algorithm will be disabled
in a future update.
```

加粗的内容就是 SHA1。

2. 国测局坐标、百度坐标、WGS84 坐标介绍

在地图应用中有 3 种常用坐标，分别为国测局坐标、百度坐标、WGS84 坐标。以下是对它们的介绍。

（1）WGS84：表示 GPS 获取的坐标。

（2）GCJ02：是由中国国家测绘局制订的地理信息系统的坐标系统。它是由 WGS84 坐标系经加密后的坐标系。

（3）BD09：为百度坐标系，在 GCJ02 坐标系基础上经过再次加密。其中 bd09ll 表示百度经纬度坐标，bd09mc 表示百度墨卡托米制坐标。

3. 第三方组件的使用情况

为了方便开发者使用自家服务，很多公司都会提供相应组件。这些组件往往没有被谷歌官方包含到开发包中。这时，开发者需要手动将其添加到项目中。第三方组件在 Android Studio 中的大致使用步骤如下。

（1）下载需要使用的第三方组件。

（2）创建要使用第三方组件的 Android 应用程序。

（3）复制第三方组件。

（4）点击项目名称下方的"Android"，将其改为"Project"。点开 app 文件夹，右击 libs，在弹出的菜单中选择"Paste"命令，弹出"Copy"对话框，点击"OK"按钮，将第三方组件的内容粘贴到 libs 文件夹中。

（5）将项目名称下方的"Project"，改为"Android"。打开 Gradle Scripts 下方的 build. gradle(Module:***.app) 文件，添加代码：

```
plugins {
    id 'com.android.application'
}
android {
    ......
    buildTypes {
        ......
    }
    sourceSets {
        main{
            filesName.srcDirs=['libs']
                            //libs就是保持第三方组件的文件夹
        }
    }
    compileOptions {
        ......
    }
}
dependencies {
    implementation fileTree(dir: 'libs',include:['*.jar'])
```

```
//如果有jar文件执行
implementation 'androidx.appcompat:appcompat:1.2.0'
......
}
```

（6）点击工具栏中的大象图标，该图标为Sync Project with Gradle Files，可以实现项目与Gradle文件的同步。同步完成后，导航栏中会出现一个filesName文件夹，该文件夹中的内容就是当前复制到项目中的文件。

完成以上步骤后，就可以使用第三方组件了。

11.1 管理器

本节将介绍2个管理器，一个是电话管理器，一个是短信管理器。

11.1.1 电话管理器

TelephonyManager为电话管理器，用于管理手机通话状态，获取电话信息（设备信息、SIM卡信息及网络信息），侦听电话状态（呼叫状态、服务状态、信号强度状态等）及调用电话拨号器拨打电话等。要使用它，首先需要使用getSystemService()获取TelephonyManager的服务对象，代码如下：

```
TelephonyManager tManager=(TelephonyManager)
getSystemService(Context.TELEPHONY_SERVICE);
```

获取对象之后就可以使用TelephonyManager的各种方法来获取电话信息、监听电话状态等。

11.1.2 短信管理器

SmsManager是Android提供的另一个非常常见的服务，被称为短信管理器，提供了系列sendXxxMessage()方法用于发送短信。要使用它，首先需要调用SmsManager的getDefault()方法获取短信管理器对象，然后再调用发送短信的方法，这些方法介绍见表11-1。

表 11-1　SmsManager的发送方法

方法	功能
sendDataMessage()	发送一个基于SMS的数据到指定的应用程序端口

方法	功能
sendMultipartTextMessage()	发送一个基于SMS的多部分文本
sendTextMessage()	发送一个基于SMS的文本

短信发送器

短信发送器

任务描述

（1）显示一个短信发送器的界面，在此界面中有1个按钮控件和2个文本框控件，其中一个文本框控件用来输入电话号码，另一个文本框控件用来输入发送的短信内容。

（2）点击按钮控件，发送短信。

任务实施

1. 创建项目

创建Android项目，项目名为SmsSender。

2. 修改AndroidManifest.xml文件的代码

在AndroidManifest.xml文件中，添加权限代码。代码如下：

```xml
<?xml version="1.0" encoding="utf-8"?>
<manifest xmlns:android="http://schemas.android.com/apk/res/
android"
    package="com.example.smssender">
    <uses-permission android:name="android.permission.SEND_
SMS"/>
    <application
        ……>
        ……
    </application>
</manifest>
```

3. 修改activity_main.xml文件的代码

在activity_main.xml文件中实现对界面的布局，代码如下：

```xml
<?xml version="1.0" encoding="utf-8"?>
<LinearLayout xmlns:android="http://schemas.android.com/apk/res/
android"
    android:orientation="vertical"
    android:layout_width="fill_parent"
    android:layout_height="fill_parent"
    android:layout_gravity="center">
    <EditText
        android:id="@+id/number"
        android:hint="输入电话号码"
```

```
            android:layout_width="fill_parent"
            android:layout_height="wrap_content"
            android:textSize="20dp"/>
        <EditText
            android:id="@+id/content"
            android:layout_width="fill_parent"
            android:layout_height="wrap_content"
            android:textSize="20dp"
            android:hint="输入短信内容"/>
        <Button
            android:layout_width="fill_parent"
            android:layout_height="wrap_content"
            android:id="@+id/sendBtn"
            android:textSize="20sp"
            android:text="发送短信"/>
</LinearLayout>
```

4. 修改 MainActivity 文件的代码

打开 MainActivity 文件，编写代码，实现短信发送。代码如下（限于篇幅，这里只展示关键代码）：

```
......
public class MainActivity extends AppCompatActivity {
    ......
    @Override
    protected void onCreate(Bundle savedInstanceState) {
        super.onCreate(savedInstanceState);
        setContentView(R.layout.activity_main);
        ......
        initData();
        SmsManager smsM=SmsManager.getDefault();
                                        //获取短信管理器对象
        sendBtn.setOnClickListener(new View.OnClickListener()
        {
            @Override
            public void onClick(View arg0)
            {
        //发送短信
        smsM.sendTextMessage(numberE.getText().
toString(),null,contentE.getText().toString(),null,null);
            }
        });
    }
    ......

}
```

运行程序，初始效果如图 11-1 所示。输入内容，如图 11-2 所示。点击"发送短信"按钮，短信会被发送，打开系统自带的短信应用会看到发送的短信，如图 11-3 所示。

图 11-1　初始效果

图 11-2　输入内容

图 11-3　短信应用

11.2 地图服务

通过地图服务，可以查看用户的当前位置，让用户快速了解当前的环境或查找某一地点等。本节将讲解如何显示百度地图、对地图进行设置及定位等内容。

11.2.1 准备工作

本节所讲的地图服务是基于百度地图的。要想使用百度地图，需要在百度地图开放平台中下载对应的 SDK，例如，要实现定位，可以下载基础定义 SDK 或全量定位 SDK；要显示地图，可以下载基础地图 SDK 或步骑行导航 SDK 等。下载完成后将对应的 SDK 引入 Android Studio 项目中，最后填入对应的 AK（API Key）及服务就可以了。本小节将详细讲解这些内容。

1. 获取 AK

在上文中，提到了要填写对应 AK。要填写 AK，首先需要获取它。以下是获取 AK 的具体步骤。

（1）打开 https://lbsyun.baidu.com/ 网址指向的网页。

（2）点击"控制台"选项，进入"控制台"网页中，如图 11-4 所示。

图 11-4　"控制台"网页

（3）点击"应用管理" | "我的应用"选项，进入"我的应用"页面，点击"创建应用"，进入"创建应用"网页中，如图 11-5 和图 11-6 所示。在此界面中，填入箭头指示的内容。

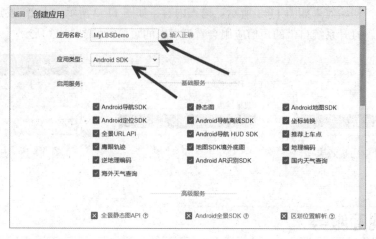

图 11-5 "创建应用"网页

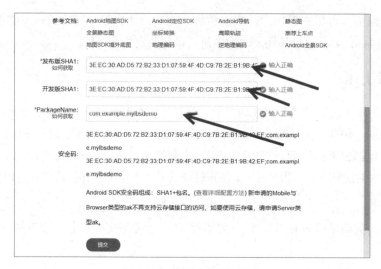

图 11-6 "创建应用"网页

> 注意：这里的SHA1，就是上文中获取的。PackageName需要创建Android项目后再填写。

（4）点击"提交"按钮，再次进入"我的应用"页面，此时会显示刚刚创建的应用，如图 11-7 所示，点击箭头所指向的图标，该图标实现复制功能，可以复制 AK 值。

图 11-7 "我的应用"页面

2. 下载SDK

下载SDK的具体步骤如下。

（1）打开 https://lbsyun.baidu.com/ 网址指向的网页。点击"开发文档"丨"Android地图SDK"或"Android定位SDK"，进入"Android地图SDK"网页或"Android定位SDK"网页。

（2）在"Android地图SDK"网页或"Android定位SDK"网页中点击"产品下载"，进入"产品下载"网页，如图 11-8 所示。

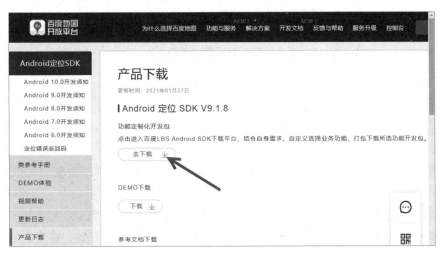

图 11-8 "产品下载"网页

（3）点击箭头所指的"去下载"按钮，进入"Android SDK下载"网页，如图 11-9 所示，在这里根据开发需求选择对应的SDK。

图 11-9 "Android SDK下载"网页

（4）选择完成后，点击"开发包"按钮，进行下载。下载完成后的名称为BaiduLBS_AndroidSDK_Lib.zip。

> 注意：可以将 BaiduLBS_AndroidSDK_Lib.zip 进行解压，解压后 libs 文件夹中的内容如图 11-10 所示。其中，arm64-v8a、armeabi、armeabi-v7a、x86、x86_64 文件夹是根据不同的 CPU 架构提供的 so 文件。

图 11-10　解压后 libs 文件夹

3. 引入项目中

具体的操作步骤如下。

（1）打开 Android 项目，这里是 MyLBSDemo，这里的 Android 项目要和图 11-6 中的 PackageName 一样。

（2）根据需求，将图 11-10 中 libs 文件夹中的内容进行复制（为了方便，可以全部进行复制）。

（3）点击 MyLBSDemo 下方的"Android"，将其改为"Project"，点开 app 文件夹，右击 libs，在弹出的菜单中选择"Paste"命令，弹出"Copy"对话框，点击"OK"按钮，将复制的内容粘贴到 libs 文件夹中。

（4）将 MyLBSDemo 下方的"Project"，改为"Android"。打开 Gradle Scripts 下方的 build.gradle(Module:MyLBSDemo.app) 文件，添加代码：

```
plugins {
    id 'com.android.application'
}
android {
    ......
    buildTypes {
        ......
    }
    sourceSets {
        main{
            jniLibs.srcDirs=['libs']
        }
    }
    compileOptions {
        ......
    }
}
dependencies {
    implementation fileTree(dir: 'libs',include:['*.jar'])
    implementation 'androidx.appcompat:appcompat:1.2.0'
```

```
        ……
    }
```

（5）点击工具栏中的大象图标，该图标为 Sync Project with Gradle Files，可以实现项目与 Gradle 文件的同步。同步完成后，会在导航栏中出现 jniLibs 文件夹，该文件夹中的内容就是当前复制到项目中的文件。

4. 添加 AK

在 AndroidManifest.xml 中，实现对 AK 的添加，代码如下：

```xml
<?xml version="1.0" encoding="utf-8"?>
<manifest xmlns:android="http://schemas.android.com/apk/res/
android"
    package="com.example.mylbsdemo">
    <application
        ……>
        <meta-data android:name="com.baidu.lbsapi_API_KEY"
            android:value="9uKTy279yHUsyCroPATHxoqSr9Xt3NV0">
        </meta-data>
        <activity
            ……>
            ……
        </activity>
    </application>
</manifest>
```

> 注意：在加粗的代码中 android:value 中就是 AK。

5. 声明 Service 组件

在 AndroidManifest.xml 文件的 Application 标签中声明 service 组件，每个 App 拥有自己单独的定位 service，代码如下：

```xml
<?xml version="1.0" encoding="utf-8"?>
<manifest xmlns:android="http://schemas.android.com/apk/res/
android"
    package="com.example.mylbsdemo">
    <application
        ……>
        ……
        <activity
            ……>
            ……
        </activity>
        <service android:name="com.baidu.location.f"
            android:enabled="true"
```

```
            android:process=":remote"></service>
        </application>
</manifest>
```

11.2.2 百度地图显示

要在自己的应用程序中显示百度地图，需要完成以下几步。

（1）在 AndroidManifest.xml 文件中添加权限。

（2）在布局文件中添加地图容器，即 MapView。

（3）调用 SDKInitializer.initialize() 方法初始化地图。

实例 11-1 以 MyLBSDemo 项目为基础，显示百度地图。具体的操作步骤如下。

（1）打开 AndroidManifest.xml 文件，添加权限。代码如下：

```
<?xml version="1.0" encoding="utf-8"?>
<manifest xmlns:android="http://schemas.android.com/apk/res/
android"
    package="com.example.mylbsdemo">
    <uses-permission android:name="android.permission.
INTERNET"/>
    <application
        ......>
        ......
    </application>
</manifest>
```

（2）打开 activity_main.xml 文件，添加地图容器，代码如下：

```
<?xml version="1.0" encoding="utf-8"?>
<LinearLayout xmlns:android="http://schemas.android.com/apk/res/
android"
    android:orientation="vertical"
    android:layout_width="fill_parent"
    android:layout_height="fill_parent"
    android:layout_gravity="center">
    <com.baidu.mapapi.map.MapView
        android:id="@+id/bmapView"
        android:layout_width="match_parent"
        android:layout_height="match_parent"
        android:clickable="true"/>
</LinearLayout>
```

（3）打开 MainActivity 文件，实现地图的初始化，以及独特的实例化。代码如下（限于篇幅，这里只展示关键代码）：

```
......
public class MainActivity extends AppCompatActivity {
```

```
@Override
protected void onCreate(Bundle savedInstanceState) {
    super.onCreate(savedInstanceState);
    SDKInitializer.initialize(getApplicationContext());
      //初始化
    setContentView(R.layout.activity_main);
    MapView mMapView=(MapView) findViewById(R.id.bmapView);
    //实例化
    }
}
```

运行程序，会看到如图 11-11 所示的效果。

图 11-11　运行效果

11.2.3 对地图进行设置

在上一小节中，展示的地图是一个模特地图，如果想要对地图进行设置，就需要使用到 BaiduMap 对象。通过该对象，可以进行移动地图、定位地图、放大缩小地图，以及设置地图等操作，该对象可以通过 getMap() 方法获取。

11.2.4 定位

要实现定位需要完成 5 个步骤，分别为实例化定位对象、定义位置监听器、注册位置监听器、配置定位参数及启动定位，以下是详细的介绍。

（1）实例化定位对象的代码如下：

```
LocationClient locationClient=new LocationClient(getApplicationContext());
```

（2）定义位置监听器的代码如下：

```
private class MyLocationListener extends BDAbstractLocationListener{
```

```
    @Override
    public void onReceiveLocation(BDLocation location) {
    }
}
```

（3）注册监听器，需要使用到 registerLocationListener() 方法，代码如下：

```
mLocationClient.registerLocationListener(new
MyLocationListener());
```

（4）配置定位参数可以使用 LocationClientOption 类实现，它是可选的，代码如下：

```
LocationClientOption option=new LocationClientOption();
option.setLocationMode(LocationClientOption.LocationMode.Hight_
Accuracy);     //设置定位模式
option.setCoorType("bd0911");        //设置坐标系类型
option.setScanSpan(1000);            //设置发起连续定位请求的间隔
option.setOpenGps(true);             //是否开启GPS定位
option.setLocationNotify(true);
                 //设置是否当GPS有效时按照 1S1 次频率输出GPS结果
option.setIgnoreKillProcess(false);
                 //设置是否在 stop 的时候杀死这个进程
option.setWifiCacheTimeOut(5*60*1000);
                 //首次启动定位时，先判断当前 wifi 是否超出有效期
option.setEnableSimulateGps(false);
                 //设置是否需要过滤 GPS 仿真结果
option.setIsNeedAddress(true);
                 //设置是否需要地址信息
//配置好的 LocationClientOption 对象，通过 setLocOption 方法传递给
LocationClient 对象使用
mLocationClient.setLocOption(option);
```

（5）最后使用 start() 方法启动定位。

定位器

🔶 **任务 11-2**

定位器

任务描述

（1）显示一个定位器的界面，此界面中只有一个文本视图。

（2）在文本视图中显示当前位置的经度、纬度和国家。

任务实施

1. 打开 Android 项目

打开 Android 项目，项目名为 MyLBSDemo。

2. 修改 AndroidManifest.xml 文件的代码

在 AndroidManifest.xml 文件中，添加权限代码。代码如下：

```
<?xml version="1.0" encoding="utf-8"?>
<manifest xmlns:android="http://schemas.android.com/apk/res/
android"
    package="com.example.mylbsdemo">
    <uses-permission android:name="android.permission.
INTERNET"/>
    <uses-permission android:name="android.permission.ACCESS_
COARSE_LOCATION"/>
    <uses-permission android:name="android.permission.ACCESS_
FINE_LOCATION"/>
    <application
        ……>
        ……
    </application>
</manifest>
```

3. 修改 activity_main.xml 文件的代码

在 activity_main.xml 文件中实现对界面的布局，代码如下：

```
<?xml version="1.0" encoding="utf-8"?>
<androidx.constraintlayout.widget.ConstraintLayout
xmlns:android="http://schemas.android.com/apk/res/android"
    xmlns:app="http://schemas.android.com/apk/res-auto"
    xmlns:tools="http://schemas.android.com/tools"
    android:layout_width="match_parent"
    android:layout_height="match_parent"
    tools:context=".MainActivity">
    <TextView
        android:id="@+id/locationInfo"
        android:layout_width="wrap_content"
        android:layout_height="wrap_content"
        app:layout_constraintBottom_toBottomOf="parent"
        app:layout_constraintLeft_toLeftOf="parent"
        app:layout_constraintRight_toRightOf="parent"
        app:layout_constraintTop_toTopOf="parent"/>
</androidx.constraintlayout.widget.ConstraintLayout>
```

4. 修改 MainActivity 文件的代码

打开 MainActivity 文件，编写代码，实现定位。代码如下（限于篇幅，这里只展示关键代码）：

```
……
public class MainActivity extends AppCompatActivity {
    ……
    TextView locationInfo;
    LocationClient mLocationClient;
```

```java
    @Override
    protected void onCreate(Bundle savedInstanceState) {
        super.onCreate(savedInstanceState);
        setContentView(R.layout.activity_main);
        initData();
        locationInfo=findViewById(R.id.locationInfo);
        mLocationClient=new LocationClient(getApplicationConte
xt());          //实例化定位对象
        mLocationClient.registerLocationListener(new
MyLocationListener());          //注册监听
        //配置定位参数
        LocationClientOption option=new LocationClientOption();
        option.setLocationMode(LocationClientOption.
LocationMode.Hight_Accuracy);
        option.setCoorType("bd0911");
        option.setScanSpan(1000);
        option.setOpenGps(true);
        option.setLocationNotify(true);
        option.setIgnoreKillProcess(false);
        option.sctWifiCacheTimeOut(5*60*1000);
        option.setEnableSimulateGps(false);
        option.setIsNeedAddress(true);
        mLocationClient.setLocOption(option);
        mLocationClient.start();                //启动定位
    }
......
//定位位置监听其
    private  class  MyLocationListener extends
BDAbstractLocationListener {
        @Override
        public void onReceiveLocation(BDLocation location) {
            StringBuilder currentPosition=new StringBuilder();
            currentPosition.append("纬度:").append(location.
getLatitude()).append("\n");
            currentPosition.append("经度:").append(location.
getLongitude()).append("\n");
            currentPosition.append("国家:").append(location.
getCountry()).append("\n");
            locationInfo.setText(currentPosition);
        }
    }
}
```

运行程序，效果如图 11-12 所示。

纬度: 36.229449
经度: 113.111296
国家: 中国

图 11-12　运行效果

任务 11-3

制作简易地图应用

制作简易地图
应用

任务描述

（1）自制一个简单的地图应用，在该应用的界面中，有 1 个地图视图和 4 个按钮控件，分别为"普通地图"按钮、"卫星地图"按钮、"空白地图"按钮和"当前位置"按钮。

（2）点击"普通地图"按钮，地图的类型会切换为普通地图，它是基础的道路地图，显示道路、建筑物、绿地及河流等重要的自然特征。

（3）点击"卫星地图"按钮，地图的类型会切换为卫星地图，显示卫星照片数据。

（4）点击"空白地图"按钮，地图的类型会切换为空白地图。地图将渲染为空白地图。

（5）点击"当前位置"按钮，会显示用户的当前位置。

任务实施

1. 创建项目

创建 Android 项目，项目名为 MyMapApp。

2. 将 SDK 引入项目中

此步骤可以查看 11.2.1 小节中的相关内容。

3. 修改 AndroidManifest.xml 文件的代码

在 AndroidManifest.xml 文件中，添加以下的代码：

```xml
<?xml version="1.0" encoding="utf-8"?>
<manifest xmlns:android="http://schemas.android.com/apk/res/
android"
    package="com.example.mymapapp">
    <uses-permission android:name="android.permission.
INTERNET"/>
    <uses-permission android:name="android.permission.ACCESS_
COARSE_LOCATION"/>
    <uses-permission android:name="android.permission.ACCESS_
FINE_LOCATION"/>
    <uses-permission android:name="android.permission.ACCESS_
WIFI_STATE"/>
    <uses-permission android:name="android.permission.ACCESS_
NETWORK_STATE"/>
    <uses-permission android:name="android.permission.CHANGE_
WIFI_STATE"/>
    <uses-permission android:name="android.permission.WRITE_
EXTERNAL_STORAGE"/>
```

```
    <uses-permission android:name="android.permission.
FOREGROUND_SERVICE"/>
    <uses-permission android:name="android.permission.READ_
PHONE_STATE"/>
    <application
        ……>
        <meta-data android:name="com.baidu.lbsapi_API_KEY"
            android:value="ELqQPMLo50rPdjfMacSuzGgWsryOae8F">
        </meta-data>>
        <activity
            ……>
            ……
        </activity>
        <service android:name="com.baidu.location.f"
            android:enabled="true"
            android:process=":remote"></service>
    </application>
</manifest>
```

4. 修改 activity_main.xml 文件的代码

在 activity_main.xml 文件中实现对界面的布局，代码如下：

```
<?xml version="1.0" encoding="utf-8"?>
<LinearLayout xmlns:android="http://schemas.android.com/apk/res/
android"
    android:orientation="vertical"
    android:layout_width="fill_parent"
    android:layout_height="fill_parent"
    android:layout_gravity="center">
    <LinearLayout
        android:layout_width="fill_parent"
        android:layout_height="60dp"
        android:orientation="horizontal"
        android:gravity="center">
        <Button
            android:layout_width="120dp"
            android:layout_height="wrap_content"
            android:id="@+id/normalBtn"
            android:textSize="20sp"
            android:text="普通地图"/>
        <Button
            android:layout_width="120dp"
            android:layout_height="wrap_content"
            android:id="@+id/satelliteBtn"
            android:textSize="20sp"
```

```
                 android:text=" 卫星地图 "/>
            <Button
                android:layout_width="120dp"
                android:layout_height="wrap_content"
                android:id="@+id/noneBtn"
                android:textSize="20sp"
                android:text=" 空白地图 "/>
        </LinearLayout>
        <Button
            android:layout_width="fill_parent"
            android:layout_height="wrap_content"
            android:id="@+id/locationBtn"
            android:textSize="20sp"
            android:text=" 当前位置 "/>
        <com.baidu.mapapi.map.MapView
            android:id="@+id/bmapView"
            android:layout_width="match_parent"
            android:layout_height="match_parent"
            android:clickable="true"/>
    </LinearLayout>
```

5. 修改 MainActivity 文件的代码

打开 MainActivity 文件，编写代码，实现地图类型的切换及当前位置的获取。代码如下（限于篇幅，这里只展示关键代码）：

```
......
public class MainActivity extends AppCompatActivity {
    ......
    MapView mMapView;
    BaiduMap mBaiduMap;
    LocationClient mLocationClient;
    boolean isFirstLocate=true;
    @Override
    protected void onCreate(Bundle savedInstanceState) {
        super.onCreate(savedInstanceState);
        SDKInitializer.initialize(getApplicationContext());
        setContentView(R.layout.activity_main);
        mMapView=(MapView) findViewById(R.id.bmapView);
        mBaiduMap=mMapView.getMap();
        mBaiduMap.setMapType(BaiduMap.MAP_TYPE_SATELLITE);
        Button normalBtn=(Button) findViewById(R.id.normalBtn);
        Button satelliteBtn=(Button) findViewById(
                        R.id.satelliteBtn);
        Button noneBtn=(Button) findViewById(R.id.noneBtn);
        Button locationBtn=(Button) findViewById(R.
```

```
id.locationBtn);
        initData();
        //点击按钮，将地图的类型设置为普通地图
        normalBtn.setOnClickListener(new View.OnClickListener()
        {
            @Override
            public void onClick(View arg0)
            {
                mBaiduMap.setMapType(BaiduMap.MAP_TYPE_NORMAL);
            }
        });
//点击按钮，将地图的类型设置为卫星地图
        satelliteBtn.setOnClickListener(new View.
OnClickListener()
        {
            @Override
            public void onClick(View arg0)
            {
                mBaiduMap.setMapType(BaiduMap.MAP_TYPE_
SATELLITE);
            }
        });
        //点击按钮，将地图的类型设置为空白地图
        noneBtn.setOnClickListener(new View.OnClickListener()
        {
            @Override
            public void onClick(View arg0)
            {
                mBaiduMap.setMapType(BaiduMap.MAP_TYPE_NONE);
            }
        });
        //点击按钮，获取当前位置
        locationBtn.setOnClickListener(new View.
OnClickListener()
        {
            @Override
            public void onClick(View arg0)
            {
                mBaiduMap.setMyLocationEnabled(true);
        //开启地图的定位图层
                mLocationClient=new LocationClient(getApplicatio
nContext());  //实例化定位对象
                mLocationClient.registerLocationListener(new
MyLocationListener());  //注册监听
                    //配置定位参数
```

```
                LocationClientOption option=new
LocationClientOption();
                option.setLocationMode(LocationClientOption.
LocationMode.Hight_Accuracy);
                option.setCoorType("bd0911");
                option.setScanSpan(1000);
                option.setOpenGps(true);
                option.setLocationNotify(true);
                option.setIgnoreKillProcess(false);
                option.setWifiCacheTimeOut(5*60*1000);
                option.setEnableSimulateGps(false);
                option.setIsNeedAddress(true);
                mLocationClient.setLocOption(option);
                mLocationClient.start();
            }
        });
    }
    ......
    private  class  MyLocationListener extends
BDAbstractLocationListener {
        @Override
        public void onReceiveLocation(BDLocation location) {
            //判断是否第一次定位
            if(isFirstLocate){
                LatLng ll=new LatLng(location.getLatitude(),
                        location.getLongitude());//当前经纬度
                MapStatusUpdate update=MapStatusUpdateFactory.
                                    newLatLng(ll);
                mBaiduMap.animateMapStatus(update);
                update=MapStatusUpdateFactory.zoomTo(16f);
                                //设置缩放
                mBaiduMap.animateMapStatus(update);
            }
            MyLocationData.Builder locationBuilder=new
MyLocationData.Builder();
            locationBuilder.longitude(location.getLongitude());
                            //经度
            locationBuilder.latitude(location.getLatitude());
                            //纬度
            MyLocationData locationData=locationBuilder.build();
            mBaiduMap.setMyLocationData(locationData);
                            //设置当前位置数据
        }
    }
}
```

运行程序，初始效果如图 11-13 所示。点击"普通地图"按钮后，地图会切换至普通模式，如图 11-14 所示。点击"当前位置"按钮，地图会显示当前的位置，如图 11-15 所示。

图 11-13 初始效果　　　　　图 11-14 普通地图　　　　　图 11-15 当前位置

知识拓展

在 Android Studio 中可以直接创建 Google 地图项目，运行程序后，会显示地图。具体操作步骤如下。

（1）在"Welcome to Android Studio"对话框中，点击"New Project"按钮，弹出"New Project"对话框的"Phone and Tablet"面板，如图 11-16 所示。

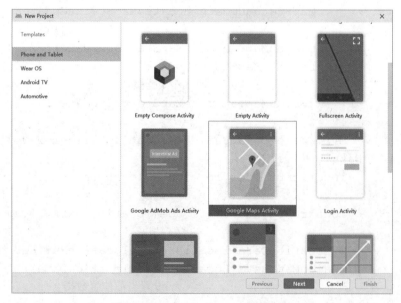

图 11-16 "New Project"对话框

（2）选择"Google Maps Activity"模板，点击"Next"按钮，弹出"New Project"对话框的

"Google Maps Activity"面板，如图 11-17 所示，在此面板中对 Google Maps Activity 进行设置。

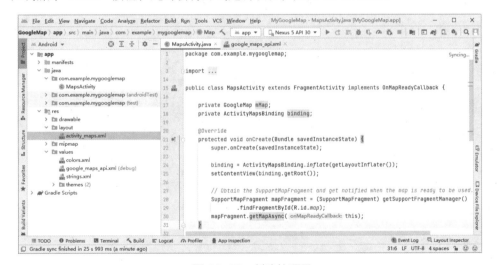

图 11-17 "Google Maps Activity"面板

（3）点击"Finish"按钮，此时会打开创建的项目，如图 11-18 所示。

图 11-18 创建的项目

无须做任何操作，运行程序，就会显示 Google 地图。

本章习题

一、填空题

1. 在地图应用中有 3 种常用坐标，分别为_____坐标、_____坐标、WGS84 坐标。

2. 使用_____方法可以获取 TelephonyManager 的服务对象。

二、选择题

1. 下列不是 SmsManager 方法的是（　　　）。

A. sendDataMessage()　　　　　　　　　B. sendMultipartTextMessage()

C. sendTextMessage()　　　　　　　　　 D. send()

2. 以下代码的功能是（　　　）。

```
setOpenGps(true);
```

A. 启动 GPS 定位　　　B. 关闭 GPS 定位　　　C. 设置坐标系类型　　　D. 其他

三、判断题

1. SHA1 是一种密码散列函数。　　　　　　　　　　　　　　　　　　　（　　　）

2. SmsManager 的 getDefault() 方法可以获取电话管理器对象。　　　　　（　　　）

四、操作题

通过 TelephonyManager 获取运营商代号、运营商名称及网络类型，并显示在文本视图控件中。

第 12 章

足迹生成器

足迹生成器

当下，有一款流型的应用程序足迹地图。根据用户的各种位置变化，这个应用程序会自动生成足迹，供用户回顾，就像日记本一样。本章将简单地实现此功能，通过用户输入位置，然后在地图上画出足迹。

 **准备工作**

在编写应用程序前，需要做一些准备工作。下面将讲解本应用程序的准备工作。

（1）创建 Android 项目，命名为 FootprintGenerator。

（2）创建 2 个 Empty Activity，一个是 NewFootPrintActivity，另一个是 ShowFootPrintActivity。

（3）创建一个 DatabaseHelper 类。

（4）获取百度地图 API Key。

（5）下载百度地图 SDK，并将其引入项目中。

（6）在 AndroidManifest.xml 中，将获取的 API Key 进行添加。

（7）在 AndroidManifest.xml 文件的 Application 标签中声明 service 组件。

（8）在 AndroidManifest.xml 文件中添加权限，最后 AndroidManifest.xml 文件中的代码如下：

```xml
<?xml version="1.0" encoding="utf-8"?>
<manifest xmlns:android="http://schemas.android.com/apk/res/android"
    package="com.example.footprintgenerator">
    <uses-permission android:name="android.permission.INTERNET"/>
    <uses-permission android:name="android.permission.ACCESS_COARSE_LOCATION"/>
    <uses-permission android:name="android.permission.ACCESS_FINE_LOCATION"/>
    <application
        android:allowBackup="true"
        android:icon="@mipmap/ic_launcher"
        android:label="@string/app_name"
        android:roundIcon="@mipmap/ic_launcher_round"
        android:supportsRtl="true"
        android:theme="@style/Theme.FootprintGenerator">
        <activity
            android:name=".ShowFootPrintActivity"
            android:exported="false"/>
        <activity
            android:name=".NewFootPrintActivity"
            android:exported="false"/>
        <meta-data
            android:name="com.baidu.lbsapi_API_KEY"
            android:value="KKof4FkO7EcqgFEG42Exgi0eUGlIrslD"/>
        <activity
            android:name=".MainActivity"
            android:exported="true">
            <intent-filter>
```

```
                <action android:name="android.intent.action.
MAIN"/>
                <category android:name="android.intent.category.
LAUNCHER"/>
            </intent-filter>
        </activity>
        <service
            android:name="com.baidu.location.f"
            android:enabled="true"
            android:process=":remote"/>
    </application>
</manifest>
```

在此代码中，加粗的代码就是添加的内容。

12.2 界面UI实现

在应用程序开发中，界面UI的好坏直接决定了应用程序的受欢迎程度。本节将实现界面UI。

12.2.1 界面规划

在此应用程序中，会存在 3 个界面，分别为主界面、新建足迹界面和显示足迹界面。以下是对它们的介绍。

（1）主界面：进入主界面中，用户可以选择新建足迹或足迹生成。

（2）新建足迹界面：需要 2 个编辑框以便用户输入相关信息，如经度、纬度等信息。当然，需要添加 2 个按钮，点击第一个按钮将数据插入数据库中，点击第二个按钮后使用户返回主界面。

（3）显示足迹界面：首先需要显示百度地图，还需要 2 个按钮，点击第一个按钮，会生成足迹，点击第二个按钮，会返回到主界面中。

12.2.2 主界面

此界面中会有两类控件。介绍如下。

（1）第一类是 1 个文本视图：该视图中显示应用程序标题，即足迹生成器。

（2）第二类是 2 个按钮：一个"新建足迹"按钮和一个"显示足迹"按钮。点击"新建足迹"按钮，进入新建足迹界面；点击"显示足迹"按钮，进入足迹生成界面。

该界面的布局需要在activity_main.xml文件中完成，代码如下：

```
<?xml version="1.0" encoding="utf-8"?>
<LinearLayout
```

```
xmlns:android="http://schemas.android.com/apk/res/android"
android:background="@mipmap/image"
android:orientation="vertical"
android:layout_height="fill_parent"
android:layout_width="wrap_content"
android:layout_gravity="center_horizontal">
<TextView
    android:layout_width="fill_parent"
    android:text="足迹生成器"
    android:layout_height="60dp"
    android:textSize="50sp"
    android:layout_marginTop="55dp"
    android:gravity="center"
    android:textColor="@color/white"/>
<Button android:id="@+id/button1"
    android:layout_width="fill_parent"
    android:layout_height="wrap_content"
    android:text="新建足迹"
    android:layout_marginTop="200dp"/>
<Button android:id="@+id/button2"
    android:layout_width="fill_parent"
    android:layout_height="wrap_content"
    android:text="显示足迹"/>
</LinearLayout>
```

最后的显示效果如图 12-1 所示。

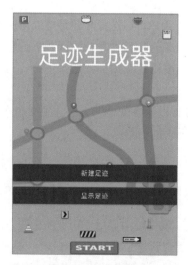

图 12-1　主界面

12.2.3 新建足迹界面

此界面中会有三类控件。介绍如下。

（1）第一类是 2 个文本视图：一个显示"经度"，另一个显示"纬度"，用来提示用户要输入什么样的数据。

（2）第二类是 2 个文本框：分别用来给用户输入经度数据和纬度数据。

（3）第三类是 2 个按钮：一个"添加"按钮和一个"完成"按钮。点击"添加"按钮，将输入的数据插入数据库中；点击"完成"按钮，返回到主界面中。

该界面的布局需要在 activity_new_foot_print.xml 文件中完成，代码如下：

```xml
<?xml version="1.0" encoding="utf-8"?>
<LinearLayout xmlns:android="http://schemas.android.com/apk/res/
android"
    android:orientation="vertical"
    android:layout_width="fill_parent"
    android:layout_height="fill_parent">
    <LinearLayout
        android:layout_width="fill_parent"
        android:layout_height="60dp"
        android:orientation="horizontal"
        android:gravity="center">
        <TextView
            android:layout_width="wrap_content"
            android:layout_height="wrap_content"
            android:text="经度"/>
        <EditText
            android:id="@+id/longitudeE"
            android:layout_width="120dip"
            android:layout_height="wrap_content"
            android:text=""
            android:textSize="18sp"/>
    </LinearLayout>
    <LinearLayout
        android:layout_width="fill_parent"
        android:layout_height="60dp"
        android:orientation="horizontal"
        android:gravity="center">
        <TextView
            android:layout_width="wrap_content"
            android:layout_height="wrap_content"
            android:text="纬度"/>
        <EditText
            android:id="@+id/latitudeE"
            android:layout_width="120dip"
            android:layout_height="wrap_content"
            android:text=""
            android:textSize="18sp"/>
```

```
        </LinearLayout>
        <Button android:id="@+id/addBtn"
            android:layout_width="fill_parent"
            android:layout_height="wrap_content"
            android:text="添加"/>
        <Button android:id="@+id/finishBtn"
            android:layout_width="fill_parent"
            android:layout_height="wrap_content"
            android:text="完成"/>
</LinearLayout>
```

最后的显示效果如图 12-2 所示。

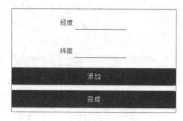

图 12-2　新建足迹界面

12.2.4 显示足迹界面

此界面中会有两类控件。介绍如下。

（1）第一类是百度地图视图：在该视图中会显示足迹。

（2）第二类是 2 个按钮：一个"生成足迹"按钮和一个"返回主界面"按钮。点击"生成足迹"按钮，会在地图上显示足迹；点击"返回主界面"按钮，返回到主界面中。

该界面的布局需要在 activity_show_foot_print.xml 文件中完成，代码如下：

```
<?xml version="1.0" encoding="utf-8"?>
<LinearLayout xmlns:android="http://schemas.android.com/apk/res/
android"
    android:orientation="vertical"
    android:layout_width="fill_parent"
    android:layout_height="fill_parent"
    android:layout_gravity="center">
    <LinearLayout
        android:layout_width="fill_parent"
        android:layout_height="60dp"
        android:orientation="horizontal"
        android:gravity="center">
        <Button android:id="@+id/gBtn"
            android:layout_width="150dp"
            android:layout_height="60dp"
            android:text="生成足迹"/>
```

```
        <Button android:id="@+id/bBtn"
            android:layout_width="150dp"
            android:layout_height="60dp"
            android:text="返回主界面"/>
    </LinearLayout>
    <com.baidu.mapapi.map.MapView
        android:id="@+id/bmapView"
        android:layout_width="match_parent"
        android:layout_height="match_parent"
        android:clickable="true"/>
</LinearLayout>
```

最后的显示效果如图 12-3 所示。

图 12-3　足迹生成界面

12.2 数据库实现

按照功能需求，需要在数据库中设计一张用来记录所有经度的表，将之命名为geopoints。通过这样的设计，当用户在地图上生成足迹时，只须查询geopoints表就可以了。

12.2.1 设计表结构

表geopoints中需要保存所有的点，信息包括Id、经度、纬度。表的设计见表 12-1。

表 12-1　geopoints

属性	类型	含义
Id	INTEGER	主键

属性	类型	含义
Latitude	Text	经度
Longitude	Text	纬度

由于SQLite数据库并没有对属性的类型进行严格的规定，所以在设计简单数据库表的时候，将之都设定为了Text，这样以后在使用时也可以方便地转换类型。

12.2.2 实现DatabaseHelper

本小节将对DatabaseHelper进行实现。在此DatabaseHelper中实现对表的创建，代码如下：

```
package com.example.footprintgenerator;
import android.content.Context;
import android.database.sqlite.SQLiteDatabase;
import android.database.sqlite.SQLiteOpenHelper;
public class DatabaseHelper extends SQLiteOpenHelper {
    final static String DATABASENAME="my_database.db";
    final static String TABLENAME="geopoint";
    final static String GEO_ID="id";
    final static String GEO_LATITUDE="latitude";
    final static String GEO_LONGITUDE="longitude";
    public DatabaseHelper(Context context)
    {
        super(context, DATABASENAME, null, 1);
        // TODO Auto-generated constructor stub
}
//创建表
    @Override
    public void onCreate(SQLiteDatabase db)
    {
        String sql="CREATE TABLE "+
                TABLENAME+" ("+
                GEO_ID+"INTEGER PRIMARY KEY    AUTOINCREMENT,"+
                GEO_LATITUDE+"TEXT,"+
                GEO_LONGITUDE+"TEXT);";
        db.execSQL(sql);
//支持SQL语句
    }
    @Override
    public void onUpgrade(SQLiteDatabase arg0, int arg1, int arg2)
    {
```

```
        // TODO Auto-generated method stub
    }
}
```

 功能实现

设计好数据库以后，就可以实现本应用的功能了。本节将讲解功能的实现。

12.3.1 实现MainActivity

MainActivity功能主要有2个。

（1）点击"新建足迹"按钮，进入新建足迹界面。

（2）点击"显示足迹"按钮，进入足迹生成界面。

MainActivity中的代码如下：

```
package com.example.footprintgenerator;
import androidx.appcompat.app.AppCompatActivity;
import androidx.core.app.ActivityCompat;
import androidx.core.content.ContextCompat;
import android.Manifest;
import android.content.Intent;
import android.content.pm.PackageManager;
import android.os.Bundle;
import android.view.View;
import android.widget.Button;
import com.baidu.location.BDAbstractLocationListener;
import com.baidu.location.BDLocation;
import com.baidu.mapapi.map.MapStatusUpdate;
import com.baidu.mapapi.map.MapStatusUpdateFactory;
import com.baidu.mapapi.map.MyLocationData;
import com.baidu.mapapi.model.LatLng;
public class MainActivity extends AppCompatActivity {
    String[] permissions=new String[]{Manifest.permission.
ACCESS_FINE_LOCATION,Manifest.permission.ACCESS_COARSE_
LOCATION};
    boolean mPassPermissions=true;
    int REQUEST_CODE_PERMISSIONS=99;
    @Override
    protected void onCreate(Bundle savedInstanceState) {
        super.onCreate(savedInstanceState);
        setContentView(R.layout.activity_main);
        Button b1=(Button) findViewById(R.id.button1);
```

```java
            Button b2=(Button) findViewById(R.id.button2);
            //点击"新建足迹"按钮，进入新建足迹界面
            b1.setOnClickListener(new View.OnClickListener()
            {
                @Override
                public void onClick(View arg0)
                {
                    Intent i=new Intent(MainActivity.
this,NewFootPrintActivity.class);
                    startActivity(i);            //调用Intent以完成跳转
                }
            });
            //点击"显示足迹"按钮，进入足迹生成界面
            b2.setOnClickListener(new View.OnClickListener()
            {
                @Override
                public void onClick(View arg0)
                {
                    Intent i=new Intent(MainActivity.
this,ShowFootPrintActivity.class);
                    startActivity(i);            //调用Intent以完成跳转
                }
            });
            initData();
    }
    private void initData() {
        //权限申请
        //逐个判断需要的权限是否已经通过
        judgePermissions();
        if (!mPassPermissions) {
            ActivityCompat.requestPermissions(this, permissions,
REQUEST_CODE_PERMISSIONS);
        }
    }
    private void judgePermissions() {
        boolean permission=true;
        for (int i=0; i<permissions.length; i++) {
            if (ContextCompat.checkSelfPermission(this,
permissions[i])!=PackageManager.PERMISSION_GRANTED) {
                permission=false;
            }
        }
        mPassPermissions=permission;
    }
}
```

12.3.2 实现NewFootPrintActivity

NewFootPrintActivity功能主要有 3 个。

（1）获取当前位置的经纬度，由用户决定是否进行修改添加。

（2）点击"添加"按钮，将输入的数据插入数据库中。

（3）点击"完成"按钮，返回到主界面中。

NewFootPrintActivity 中的代码如下：

```
package com.example.footprintgenerator;
import androidx.appcompat.app.AppCompatActivity;
import android.content.ContentValues;
import android.database.sqlite.SQLiteDatabase;
import android.os.Bundle;
import android.view.View;
import android.widget.Button;
import android.widget.EditText;
import com.baidu.location.BDAbstractLocationListener;
import com.baidu.location.BDLocation;
import com.baidu.location.LocationClient;
import com.baidu.mapapi.map.MapStatusUpdate;
import com.baidu.mapapi.map.MapStatusUpdateFactory;
import com.baidu.mapapi.map.MyLocationData;
import com.baidu.mapapi.model.LatLng;
public class NewFootPrintActivity extends AppCompatActivity {
    SQLiteDatabase db;
    EditText longitudeE;
    EditText latitudeE;
    Button addBtn;
    Button finishBtn;
    @Override
    protected void onCreate(Bundle savedInstanceState) {
        super.onCreate(savedInstanceState);
        setContentView(R.layout.activity_new_foot_print);
        longitudeE=(EditText) findViewById(R.id.longitudeE);
        latitudeE=(EditText)findViewById(R.id.latitudeE);
        addBtn=(Button)findViewById(R.id.addBtn);
        finishBtn=(Button)findViewById(R.id.finishBtn);
        LocationClient mLocationClient=new LocationClient(getApp
 licationContext());                //实例化定位对象
        mLocationClient.registerLocationListener(new
 MyLocationListener());                //注册监听
        mLocationClient.start(); //开始定位
        //点击"添加"按钮，将文本框中的内容插入数据库中
        addBtn.setOnClickListener(new View.OnClickListener()
```

```
            {
                @Override
                public void onClick(View arg0)
                {
                    DatabaseHelper helper=new DatabaseHelper(getBase
Context()); //创建DatabaseHelper
                    db=helper.getWritableDatabase();
                                                    //以读写方式打开数据库
                    //获取文本框中输入的数据
                    String longitudeV=longitudeE.getText().
toString();
                    String latitudeV=latitudeE.getText().toString();
                    ContentValues values=new ContentValues();
                                                    //获得ContentValues对象
                    //向ContentValues对象中添加数据
                    values.put(DatabaseHelper.GEO_LONGITUDE,
longitudeV);
                    values.put(DatabaseHelper.GEO_LATITUDE,
latitudeV);
                    db.insert(DatabaseHelper.TABLENAME, null,
values);//向数据库插入数据
                    //清空文本框
                    longitudeE.setText("");
                    latitudeE.setText("");
                }
            });
            //点击"完成"按钮，返回到主界面中
            finishBtn.setOnClickListener(new View.OnClickListener()
            {
                @Override
                public void onClick(View arg0)
                {
                    finish();
                }
            });
        }
    private class MyLocationListener extends
BDAbstractLocationListener {
        @Override
        public void onReceiveLocation(BDLocation location) {
            Double longitudeV=location.getLongitude();
                                                    //获取当前经度
            longitudeE.setText(longitudeV.toString());
```

```
                Double latitudeV=location.getLatitude();
//获取当前纬度
                latitudeE.setText(latitudeV.toString());
        }
    }
}
```

12.3.3 实现ShowFootPrintActivity

ShowFootPrintActivity功能主要有3个。

（1）读取数据库中geopoints表中的数据。

（2）点击"生成足迹"按钮，会在地图上以动画的形式显示足迹。

（3）点击"返回主界面"按钮，返回到主界面中。

ShowFootPrintActivity中的代码如下：

```
package com.example.footprintgenerator;
......
import com.baidu.location.BDAbstractLocationListener;
import com.baidu.location.BDLocation;
import com.baidu.mapapi.SDKInitializer;
import com.baidu.mapapi.map.BaiduMap;
import com.baidu.mapapi.map.MapStatusUpdate;
import com.baidu.mapapi.map.MapStatusUpdateFactory;
import com.baidu.mapapi.map.MapView;
import com.baidu.mapapi.map.track.TraceAnimationListener;
import com.baidu.mapapi.map.track.TraceOptions;
import com.baidu.mapapi.model.LatLng;
import java.util.ArrayList;
import java.util.List;
public class ShowFootPrintActivity extends AppCompatActivity {
    List<LatLng> points=new ArrayList<LatLng>();
    SQLiteDatabase db;
    Cursor cursor;
    BaiduMap mBaiduMap;
    Button gBtn;
    Button bBtn;
    @Override
    protected void onCreate(Bundle savedInstanceState) {
        super.onCreate(savedInstanceState);
        SDKInitializer.initialize(getApplicationContext());
        setContentView(R.layout.activity_show_foot_print);
        gBtn=(Button)findViewById(R.id.gBtn);
        bBtn=(Button)findViewById(R.id.bBtn);
```

```
    MapView mMapView=(MapView) findViewById(R.id.bmapView);
//实例化
    mBaiduMap=mMapView.getMap();
    getInfo();        //获取数据库中geopoints表中的数据
    gBtn.setOnClickListener(new View.OnClickListener()
    {
        @Override
        public void onClick(View arg0)
        {
            TraceOptions traceOptions=new TraceOptions();
                                //实例化轨迹操作对象
            traceOptions.animationTime(5000); //动画时间
            traceOptions.animate(true);
            //动画类型
            traceOptions.animationType(TraceOptions.
            TraceAnimateType.TraceOverlayAnimationEasingCurv
            eLinear);
            traceOptions.color(0xAAFF0000);    //轨迹颜色
            traceOptions.width(10);            //轨迹宽度
            traceOptions.points(points);
            mBaiduMap.addTraceOverlay(traceOptions, new
TraceAnimationListener() {
                @Override
                public void onTraceAnimationUpdate(int
percent) {
                    // 轨迹动画更新进度回调
                }
                @Override
                public void onTraceUpdatePosition(LatLng
position) {
                    // 轨迹动画更新的当前位置点回调
                }
                @Override
                public void onTraceAnimationFinish() {
                    // 轨迹动画结束回调
                }
            });
        }
    });
    //点击按钮，返回主界面
    bBtn.setOnClickListener(new View.OnClickListener()
    {
        @Override
```

```
        public void onClick(View arg0)
        {
                finish();
        }
    });
    }
    void getInfo() {
        DatabaseHelper helper=new DatabaseHelper(getBaseConte
xt());
        db=helper.getReadableDatabase();
        cursor=db.query(DatabaseHelper.TABLENAME, null, null,
null, null, null, null); //查询表中的数据
        cursor.moveToFirst();          //cursor读取第一条记录
        while (!cursor.isAfterLast()) {
            //获得latitude和longitude列中的内容
            @SuppressLint("Range") String longitude=cursor.
getString(cursor.getColumnIndex(DatabaseHelper.GEO_LONGITUDE));
            @SuppressLint("Range") String latitude=cursor.
getString(cursor.getColumnIndex(DatabaseHelper.GEO_LATITUDE));
            //转换为双精度类型
            Double longitudeD=Double.valueOf(longitude);
            Double latitudeD=Double.valueOf(latitude);
            Log.i("longitudeD",longitude);
            Log.i("latitudeD",latitude);
            LatLng ll=new LatLng(latitudeD,longitudeD);
            points.add(ll);
            cursor.moveToNext();
        }
    }
}
```

12.4 运行程序

运行程序后，首先会显示主界面，如图 12-4 所示。点击"新建足迹"按钮，进入新建足迹界面，如图 12-5 所示。在新建足迹界面的文本框中输入经纬度后，点击"添加"，此时会将输入的经纬度添加到数据库的geopoint表中。添加完成后，点击"完成"按钮，返回主界面。点击主界面的"显示足迹"按钮，进入显示足迹界面，如图 12-6 所示，此时会获取geopoint表中的经纬度数据。点击"生成足迹"按钮，会根据获取的经纬度数据以动画的形成生成足迹，如图 12-7 所示。点击显示足迹界面的"返回主界面"按钮，返回主界面。

图 12-4　主界面

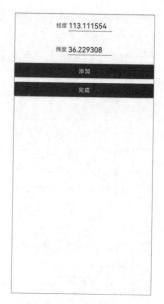

图 12-5　新建足迹界面

图 12-6　显示足迹界面

图 12-7　生成足迹

参考文献

［1］ 欧阳燊.Android Studio开发实战：从零基础到App上线［M］.2版.北京：清华大学出版社，
2018.

［2］ 刘志强.Android应用开发教程［M］.北京：清华大学出版社，2016.

［3］ 李刚.疯狂Android讲义［M］.4版.北京：电子工业出版社，2019.